Samuel Laminsi

Chalcogénures des systèmes In2S3-Sb2S3, In2S3-Sb2Se3 et Cu3PS4-Cu3PSe4

Samuel Laminsi

Chalcogénures des systèmes In2S3-Sb2S3, In2S3-Sb2Se3 et Cu3PS4-Cu3PSe4

Étude des chalcogenures ternaires et quaternaires des systèmes In2S3-Sb2S3,Sb2S3-Sb2Se3 ET Cu3PS4-Cu3PSe4

Presses Académiques Francophones

Impressum / Mentions légales

Bibliografische Information der Deutschen Nationalbibliothek: Die Deutsche Nationalbibliothek verzeichnet diese Publikation in der Deutschen Nationalbibliografie; detaillierte bibliografische Daten sind im Internet über http://dnb.d-nb.de abrufbar.

Alle in diesem Buch genannten Marken und Produktnamen unterliegen warenzeichen-, marken- oder patentrechtlichem Schutz bzw. sind Warenzeichen oder eingetragene Warenzeichen der jeweiligen Inhaber. Die Wiedergabe von Marken, Produktnamen, Gebrauchsnamen, Handelsnamen, Warenbezeichnungen u.s.w. in diesem Werk berechtigt auch ohne besondere Kennzeichnung nicht zu der Annahme, dass solche Namen im Sinne der Warenzeichen- und Markenschutzgesetzgebung als frei zu betrachten wären und daher von jedermann benutzt werden dürften.

Information bibliographique publiée par la Deutsche Nationalbibliothek: La Deutsche Nationalbibliothek inscrit cette publication à la Deutsche Nationalbibliografie; des données bibliographiques détaillées sont disponibles sur internet à l'adresse http://dnb.d-nb.de.

Toutes marques et noms de produits mentionnés dans ce livre demeurent sous la protection des marques, des marques déposées et des brevets, et sont des marques ou des marques déposées de leurs détenteurs respectifs. L'utilisation des marques, noms de produits, noms communs, noms commerciaux, descriptions de produits, etc, même sans qu'ils soient mentionnés de façon particulière dans ce livre ne signifie en aucune façon que ces noms peuvent être utilisés sans restriction à l'égard de la législation pour la protection des marques et des marques déposées et pourraient donc être utilisés par quiconque.

Coverbild / Photo de couverture: www.ingimage.com

Verlag / Editeur:
Presses Académiques Francophones
ist ein Imprint der / est une marque déposée de
OmniScriptum GmbH & Co. KG
Heinrich-Böcking-Str. 6-8, 66121 Saarbrücken, Deutschland / Allemagne
Email: info@presses-academiques.com

Herstellung: siehe letzte Seite /
Impression: voir la dernière page
ISBN: 978-3-8381-4093-3

Copyright / Droit d'auteur © 2014 OmniScriptum GmbH & Co. KG
Alle Rechte vorbehalten. / Tous droits réservés. Saarbrücken 2014

Dédicaces

A mes parents

A mes épouses

A mes enfants

A mes petits enfants

A toute ma descendance

Témoignage d'affection et de profonde reconnaissance

Remerciements

Monsieur le Professeur Jacques KAMSU KOM, Président du Conseil National de l'Ordre des Pharmaciens du Cameroun et premier Camerounais Doyen de la Faculté des Sciences de l'Université Fédérale du Cameroun, qui me soutient depuis 1981, année de mon inscription en première année de Doctorat 3ème cycle dans le Laboratoire de Chimie Minérale de la Faculté des Sciences de l'Université de Yaoundé sous sa direction, avec une amicale confiance. Il m'a proposé ce thème sur lequel des travaux de recherche et les résultats obtenus m'ont permis de rédiger ce mémoire, qu'il a enrichi des commentaires pertinents. Il m'est agréable de lui exprimer mon profond respect sur le double plan scientifique et humain. Je tiens à lui signifier ma profonde gratitude pour l'attention qu'il a constamment portée à mes travaux malgré la carence des moyens, et pour la formation qu'il m'a permis d'acquérir dans son Laboratoire dans une atmosphère très conviviale. Je le félicite et l'encourage également pour son dévouement au travail à travers lequel il a démontré ses aptitudes scientifiques et a mis au point plusieurs produits pharmaceutiques qui ont permis de sauver plusieurs vies humaines.

Je remercie très respectueusement le Professeur H. FUESS de l'Université Technique de DARMSTDAT en Allemagne pour l'accueil amical et chaleureux qu'il m'a réservé dans son Laboratoire et pour la formation qu'il m'a permis d'y acquérir pendant mes deux missions de recherche en 1992 et 1993, notamment en cristallographie. Mes remerciements s'étendent également à tous les autres membres du Département de Recherche des structures en général et ceux du Laboratoire des Sciences de Matériaux en particulier qui n'ont rien épargné pour rendre mon séjour agréable.

Mes remerciements vont également à mes enseignants Roland WANDJI, Isam HAJAL, Daniel NJOPWOUO, Michel LIBERT, Lucien MUKAM, Jean Marie BOUGA, Paul HELL, Thomas AKAM, BOM ABANE de l'Université de Yaoundé I, pour les grands services qu'ils ont rendus à l'Ecole Normale Supérieure et au Département de Chimie Inorganique, sans oublier l'esprit d'équipe qui y règne. A travers ces remerciements, je traduis tout mon respect au regard de la formation qu'ils ont donnée à plusieurs génération de camerounais, qui font la fierté de notre pays tant à l'intérieur qu'à l'extérieur du Cameroun.

Remerciements

Merci pour votre passion à ce noble métier qui est désormais le nôtre, ainsi que pour votre dévouement au travail.

Enfin, ma profonde gratitude s'adresse également à tous mes collègues et amis du Département de chimie Inorganique qui m'ont facilité la tâche, avec une note particulière aux professeurs Joseph NOAH GAMVENG, Robert Martin NEMBA, Michel M. BELOMBE, , Paul MINGO GHOGOMU, Peter NDIFON TEKE, Emmanuel NGAMENI, Elie YOUNANG, , Docteurs Moïse AGWARA, Jérôme AVOM, BABALE DJAMDOUDOU, BAIZOUMI ZOUA, Avaly DOUBLA, Emmanuel DJOUFACK MOUFO, Antoine ELIMBI, Joseph KETCHA BATCAM, Sakeo KONG, François LIBOUM, MELO CHINJE Uphie, NANSEU DJIKI, Maurice NDIKONTAR, Justin NENWA, NGOMO, Gaston PAYOM ONDOH, Pierre SIGNING .

TABLE DES MATIERES

SOMMAIRE	PAGE
LISTE DES FIGURES	5
LISTE DES TABLEAUX	7
RESUME	9
ABSTRACT	11
INTRODUCTION GENERALE	13
CHAPITRE I-GENERALITES ET REVUES BIBLIOGRAPHIQUES	15
I.1- INTRODUCTION	15
I.2- SYSTEME Sb_2S_3-In_2S_3	16
I.2.1-Forme alpha de l'indium III métatriselenio–antimonite $In(\alpha$-$SbSe_3)$	16
I.2.1.1- Synthèse	16
I.2.1.2 – Caractérisation	16
I.2.2 - Antimoine III iodo sulfure (SbSI)	16
I.2.2.1- Synthèse	16
I.2.2.2 – Caractérisation	16
I.2.3.1- Synthèse	17
I.2.3.2- Caractérisation	17
I.3 - SYSTEME Sb_2S_3 - Sb_2Se_3	20
I.3.1- Antimoine III sulfure (Sb_2S_3)	20
I.3.1.1-Synthèse	20
I.3.1.2- Caractérisation	21
I.3.2- antimoine III séléniure (Sb_2Se_3)	22
I.3.2.1-Synthèse	22
I.3.2.2- Caractérisation	22
I.3.3- Solutions solides ternaires du système Sb_2S_3-Sb_2Se_3	23
I.3.3.1- Synthèse	23
I.3.3.2- Caractérisation	23
I.4- SYSTEME Cu_3PS_4-Cu_3PSe_4	23
I.4.1- Cuivre I ortho-thiophosphate (Cu_3PS_4)	25
I.4.1.1 – Synthèse	25

I.4.1.2 – Caractérisation 26
I.4.2- Cuivre I ortho-seleniophosphate (Cu_3PSe_4) 27
I.4.2.1 – Synthèse 27
I.4.2.2 - Caractérisation 27
I.4.3- Cuivre I ortho-thiosélèniophosphate du système Cu_3PS_4 - Cu_3PSe_4 28
I.4.3.1 – Synthèse 28
I.4.3.2 – Caractérisation 29
Conclusion 29

CHAPITRE II - TECHNIQUES EXPERIMENTALES 30
II.1 - INTRODUCTION 30
II. 2- MECAMISMES DES REACTIONS EN MILIEU HETEROGENE 30
II. 2.1- A soluble dans B 30
II. 2.2- A insoluble dans B 32
II. 2.2.1 - A solubles dans AB 32
II.1.2.2 - A insoluble dans AB 32
II.3 – EXEMPLE DE LA SYNTHESE DE L'ANTIMOINE III SULFURE Sb_2S_3
CONCLUSION 34

CHAPITRE III - CONTRIBUTION A L'ETUDE DU SYSTEME In_2S_3-Sb_2S_3 41
II.1 - INTRODUCTION 41
III.2 - Contribution a l'etude de la forme alpha de l'indium III meta trithio – antimonite $In(\alpha\text{-}SbS_3)$ 42
III.2.1 – Synthèse 42
III.2.2 - Etude cristallographique 44
III.2.2.1 - conditions expérimentales 44
III.2.2.2 – Résultats 44
III.2.2.3 - Affinement de structure 45
III.2.2.4 - Description de la structure. 45
III.3 - CONTRIBUTION A L'ETUDE DE L'ANTIMOINE III DI-IODOSULFURE : ($Sb_2S_2I_2$) 49
III.3.1 – Synthèse 49
III.3.2 – Caractérisation 50

III.3.3 - Etude cristallographique 51
    III.3.3.1 - Conditions expérimentales 51
    III.3.3.2 – Résultats 51
    III.3.3.3 - Affinement de la structure 51
    III.3.3.4 - Description de la structure 52
CONCLUSION 52

III.4 – CONTRIBUTION A L'ETUDE DE BETA INDIUM III SULFURE (β-In_2S_3) 54
  III.4.1 – Synthèse 54
  III.4.2 – Caractérisation 54
  III.4.3 - Etude cristallographique de bêta indium III sulfure (β-In_2S_3) 55
    III.4.3.1 - Conditions expérimentales 55
    III.4.3.2 – Résultats 55
    III.4.3.3 - Affinement de la structure 55
    III.4.3.4 - Description de la structure 55
CONCLUSION **56**
CHAPITRE IV- CONTRIBUTION A L'ETUDE DU SYSTEME Sb_2S_3 - Sb_2Se_3 **57**
IV.1 - INTRODUCTION 57
IV.2 - ETUDE DE L'ANTIMOINE III SULFURE CRISTALLISE (Sb_2S_3) 58
  IV.2.1 – Synthèse 58
  IV.2.2 – Caractérisation 58
IV.3 - ETUDE DE L'ANTIMOINE III SELENIURE CRISTALLISE (Sb_2Se_3) 60
  IV.3.1 – Synthèse 60
  IV.3.2 – Caractérisation 60
IV.4 – CONTRIBUTION A L'ETUDE DE L'ANTIMOINE III SELENIOSULFURE ($Sb_2Se_{2,1}S_{0,9}$) 62
  IV.4.1 – Synthèse 62
  IV.4.2 - Etude cristallographique 63
    IV.4.2.1 - Conditions expérimentales 63
    IV.4.2.2 – Résultats 64
    IV.4.2.3 - Affinement de structure 64
    IV.4.2.4 - Description de la structure 64

Sommaire

CHAPITRE V - CONTRIBUTION A L'ETUDE DU SYSTEME Cu_3PS_4-Cu_3PSe_4   78

V.1 - INTRODUCTION   78

V.2 - ETUDE DU CUIVRE I ORTHO-THIOPHOSPHATE (Cu_3PS_4)   78

    V.2.1 – Synthèse   78

    V.2.2 – Caractérisation   79

    V.2.3 - Stabilité thermique du cuivre I ortho-thiophosphate Cu_3PS_4 79

V.3 – ETUDE DU CUIVRE I ORTHO-SELENIOPHOSPHATE Cu_3PSe_4 81

    V.3.1 – Synthèse   81

    V.3.2 – Caractérisation   81

V.4 - PREPARATION DE CUIVRE I ORTHO-THIOSELENIOPHOSPHATE $Cu_3PS_{2,36}Se_{1,64}$ 83

    V.4.1 – Synthèse   83

    V.4.2 - Propriétés thermiques   83

    V.4.3 - Etude cristallographique   90

        V.4.3.1 – Conditions expérimentales   90

        V.4.3.2 - Résultats   90

        V.4.3.3 - Affinement de la structure   91

        V.4.3.4 - Description de la structure   91

CONCLUSION   100

CONCLUSION GENERALE   101

REFERENCES BIBLIOGRAPHIQUES   103

LISTE DES FIGURES

FIGURE	TITRE	PAGE
Figure 2.1	Mélange hétérogène solide-liquide	31
Figure 2.2	Réaction complète en milieu hétérogène	31
Figure 2.3	Passivation d'une réaction en milieu hétérogène	33
Figure 2.4	Epluchage après passivation	34
Figure 2.5	Continuation par épluchage d'une réaction passivée	34
Figure 2.6	Disposition pratique du réacteur dans le four	35
Figure 2.7	Mélange initiale (2Sb + 3S)	37
Figure 2.8	Formation du milieu triphasé Gaz(S)-Liquide(S)-Solide (Sb) dans le réacteur	37
Figure 2.9	Interface de formation de l'antimoine(V)sulfure Sb_2S_5	38
Figure 2.10	Interface de transformation de l'antimoine (V) sulfure Sb_2S_5 en antimoine (III) sulfure en Sb_2S_3	38
Figure 2.11	Antimoine (III) sulfure en cours de cristallisation	39
Figure 2.12	Antimoine (III) sulfure cristallisé	39
Figure 2.13	Vue pratique de la figure 2.12	40
Figure 3	Image du réseau cristallin de $In(\alpha\text{-}S_3Sb)$	40
Figure 4.1	Image du réseau cristallin de $Sb_2Se_{2,1}S_{0,9}$	66
Figure 4.2	Sites atomiques dans le réseau cristallin de $Sb_2Se_{2,1}S_{0,9}$ (Laminsi et col,1999)	68
Figure 4.3	Hétérocycles hexagonaux dans le réseau cristallin de $Sb_2Se_{2,1}S_{0,9}$ (Laminsi et col,1999)	69
Figure 4.4	Diagrammes de poudre de, $Sb_2Se_{2,1}S_{0,9}$, $Sb_4Se_3S_3$, Sb_2SeS_2, et Sb_2S_3	73
Figure 4.5	Diagrammes de poudre de Sb_2Se_3, $Sb_2Se_{2,1}S_{0,9}$, $Sb_4Se_3S_3$ et Sb_2SeS_2	74
Figure 4.6	Variation de paramètres et de volume de maille en fonction de la composition (présent travail)	76

Figure 4.7   Variation de paramètres et de volume de la maille en fonction dela   78
             composition (Abrikosov et Ivlieva, 1968)

Figure 5.1   Diffractogramme de (Cu_3PS_4) à 800, 900, 1000,1100 et 1200°C   81

Figure 5.2   Comparaison des spectres de poudre des produits de calcination de   86
             Cu3PS4, Cu3PSe4 et $Cu3PS_{2,36}Se_{1,64}$ et les pics standards de CuO
             (41-0254)

Figure 5.3   Comparaison des spectres de poudre des produits de calcination de   87
             Cu3PS4, Cu3PSe4 et $Cu3PS_{2,36}Se_{1,64}$ et les pics standards de
             Cu_5P_2O10 (31-0472)

Figure 5.4   Comparaison des spectres de poudre de Cu_3PSe_4 et $Cu_3PS_{2,36}Se_{1,64}$ 88
             et les pics standards de CuO(41-0254) et $Cu_5P_2O_{10}$ (31-0472)

Figure 5.5   Comparaison des spectres de poudre des produits de calcination de   89
             Cu_3PS_4 et $Cu_3PS_{2,36}Se_{1,64}$

Figure 5.6   Comparaison des spectres de poudre des produits de calcination de   90
             Cu_3PSe_4 et $Cu_3PS_{2,36}Se_{1,64}$ et les pics standards de $Cu_3(PO_4)_2$(21-
             0298), Cu_7PS_6 (33-0483), $CuSe_2$ (26-1115), et $CuSe_2O_5$ (36-0509)

Figure 5.7   Image de structure cristalline de de cuivre I ortho-   93
             thiosééléniophosphate ($Cu_3PS_{2,36}Se_{1,64}$)

Figure 5.8   Sites tétraédriques des cuivres   94

Figure 5.9   Sites tétraédriques des soufres et des séléniums   95

Figure 5.10 Sites tétraédriques du phosphore   96

LISTE DES TABLEAUX

TABLEAU	TITRE	PAGE
Tableau I.I	Paramètres de mailles Sb_2S_3	21
Tableau I.II	Paramètres de mailles Sb_2Se_3	23
Tableau I.III	Paramètres de mailles des solutions solides en fonction de la composition	24
Tableau I.IV	Paramètres de mailles Cu_3PS_4	27
Tableau I.V	Paramètres de mailles Cu_3PSe_4	28
Tableau I.VI	Paramètres de mailles des autres composés du système Cu_3PS_4 - Cu_3PSe_4	29
Tableau II.I	Tempértue de fusion et d'ébullition des réactants et produits des réactions chimiques	35
Tableau III.I	Paramètre de maille de In (α-SbS3), produits des équations (3.2), (3.3), (3.4) et (3.8)	44
Tableau III.II	Paramètres atomiques In (α-SbS3)	47
Tableau III.III	Distances inter-atomiques de In (α-SbS3)	47
Tableau III.IV	Angles de liaisons de In (α-SbS3)	48
Tableau III.V	Paramètres de maille de $Sb_2S_2I_2$	51
Tableau III.VI	Paramètres structuraux de $Sb_2S_2I_2$	52
Tableau III.VII	Distances inter-atomiques et l'angles des liaisons de $Sb_2S_2I_2$	52
Tableau II.VIII	Paramètres de maille de β-In_2S_3	55
Tableau III.IX	Répartition des atomes dans les différents sites de β-In_2S_3	56
Tableau IV.I	Paramètres de maille de Sb_2S_3	60
Tableau IV.II	Paramètres de maille de Sb_2Se_3	62
Tableau IV.III	Paramètres atomiques de $Sb_2Se_{2,1} S_{0,9}$	70
Tableau IV.IV	Distances inter atomiques de $Sb_2Se_{2,1} S_{0,9}$	71

Liste des tableaux

Tableau IV.V	Angles des liaisons de $Sb_2Se_{2,1}S_{0,9}$	72
Tableau IV.VI	Variation des paramètres et du volume de maille en fonction de la composition	75
Tableau V.I	paramètres de maille Cu_3PS_4	80
Tableau V.II	paramètres de maille Cu_3PSe_4	83
Tableau V.III	paramètres atomiques de $Cu_3PS_{2,36}Se_{1,64}$	98
Tableau V.IV	Distances interatomiques (Å) de $CU_3PS_{2,36}Se_{1,64}$.	99
Tableau V.V	Angles des liaisons (°) de $CU_3PS_{2,36}Se_{1,64}$	100

RESUME

Au cours de la synthèse de [In(SbS$_2$)$_2$]$_2$ en présence d'un excès de soufre en tube de quartz scellé sous vide, l'existence d'un gradient de température nous a conduit plutôt à de beaux cristaux de α-InS$_3$Sb au lieu du composé attendu, dont l'homologue phosphoré [In(PS$_2$)$_2$]$_2$ est déjà synthétisé et étudié. Le composé α-InS$_3$Sb a été ensuite synthétisé et sa structure cristallographique étudiée. Il cristallise dans le système orthorhombique (groupe d'espace pnma (n°62 de la table internationale de cristallographie), et ses paramètres de maille sont: a = 9,300(3)Å; b = 3,816(1) Å ; c = 13,348(4)Å , v =473,7Å^3 et Z = 4. la structure a été affinée par la méthode de moindres carrés avec la précision R =0,025.

De même deux nouvelles méthodes de synthèse de l'antimoine (III) di-iodosulfure (Sb$_2$S$_2$I$_2$) ont été également mises au point et l'étude de sa structure cristallographique reprise ; des résultats plus précis et plus détaillés ont été obtenus: a = 8,527(6)Å; b = 4,092(2)Å; c = 10,145(8)Å; V = 354,0Å^3, avec la précision R = 0,0269; celle pondérée étant Rw = 0,028. Cette précision qui est de l'ordre de 2,69 % est nettement meilleure, comparativement à celle de 15 % publiée antérieurement.

La forme des hautes températures de l'indium (III) sulfure (β-In$_2$S$_3$) a été pareillement obtenu par chauffage de l'indium dans un excès de soufre à 600 °C pendant 72 heures, en tube de quartz scellé sous vide, suivi d'un refroidissement lent dans le four jusqu'à la température ambiante. L'étude de la structure cristallographique de (β-In$_2$S$_3$) a été reprise et il en ressort que β- In$_2$S$_3$ cristallise dans le système cubique, groupe spatial Fd3m. Les paramètres de la maille sont: a=10,793(2) Å et V= 1257,3 Å^3, avec la précision R = 0,0208, celle pondérée étant Rw = 0,0170. Ces paramètres sont plus précis que ceux publiés antérieurement avec une précision de 15,6%.

Dans le domaine d'homogénéité globalement décrit du système Sb$_2$S$_3$ - Sb$_2$Se$_3$, nous avons identifié et caractérisé le composé Sb$_2$Se$_{2,1}$S$_{0,9}$. Il se synthétise soit à partir des éléments, soit à partir des chalcogénures en proportions voulues en tube de quartz scellé sous un vide à 800°C pendant 48 heures, suivi d'un recuit à 450°C pendant 30 jours. Il cristallise dans le système orthorhombique de groupe d'espace pnma, et de paramètres de maille a = 11,687(3)Å; b = 3,938(1)Å; c = 11,540(3)Å; V= 531,1Å^3 et Z = 4. L'affinement de la

Résumé

structure a été fait par la méthode de moindres carrés utilisant 881 réflexions indépendantes avec R = 0,0216 et Rw = 0,0167. Les coordonnées des atomes, les distances inter-atomiques et les angles des liaisons de l'antimoine (III) séléniosulfure $Sb_2Se_{2,1}S_{0,9}$ ont été déterminés.

Sur un autre plan des monocristaux du quaternaire $Cu_3PS_{2,36}Se_{1,64}$ ont été également obtenus en tube de quartz scellé sous vide, à partir soit d'un mélange des éléments constitutifs (Cu,P,S,Se puricimes de Serlabo), soit d'un mélange intime de cuivre (I) ortho-thiophosphate et de cuivre (I) ortho-séléniophosphate de (Cu_3PS_4 et Cu_3PSe_4), dans les proportions voulues, chauffé à 800°C pendant 48 heures, et suivie d'un recuit à 600°C pendant 20 jours. Ce quaternaire cristallise dans le système orthorhombique, de groupe d'espace $pmn2_1$, et avec comme paramètres de maille a = 7,465(2)Å ; b = 6,464(2)Å ; c = 6,173(2)Å et V = 298,8Å^3. L'affinement de la structure s'est fait à partir de celle connue de l'énargite (Cu_3AsS_4) avec un indice d'accord R = 0,0613 contre celui pondéré Rw = 0,0446.

Mots clés: Chalcogénure, sulfure, sélénure, phosphate, ternaire, quaternaire, antimoine, indium.

ABSTRACT

During the synthesis of $[In(SbS_2)_2]_2$ which is similar to $[In(PS_2)_2]_2$ following the same by heating a mixture with excess sulphur in a vacuum-sealed quartz tubes at 10^{-6} mm Hg; the products of dissociation in a temperature gradient, gave nice crystals of indium(III) meta trithio–antimoniate(α-SbS$_3$In). The compound is obtained pure when the mixtures are in the ratio $\frac{Sb}{In} = 1$ in excess sulphur. α-SbS$_3$In is isostructural to α-SbSe$_3$In. It crystallises in the orthorhombic system (with space group pnma, n° 62 on the International Table of Crystallography). The cell parameters are a = 9.300 (3) Å, b = 3.816(1) Å, c = 13.348(4) Å, v = 473.7 Å^3 and z = 4. This structure was refined by the least squares method with a precision R = 0.0025. In and Sb atoms were identified unambiguously, using the results of least squares calculations and by the co-ordination in the structure.

Two new methods of synthesis of antimony(III) di-iodosulphide($Sb_2S_2I_2$) were determined: This compound is obtained either by heating to 600°C for 72 hours a mixture of iodine(I_2) and antimony(III) sulphide(Sb_2S_3) in a sealed vacuum quartz tube (10^{-6} mm Hg), followed by slow cooling inside the oven, or from a mixture of its constituent elements subjected to the same experimental conditions as described above. The crystal structure of the compound was re-examined and new accurate and detailed results were obtained: a = 8,527(6) Å, b = 4,092(2) Å, c = 10,145(8) Å, v = 354,0 Å^3 with the precision R = 0,0269 instead of what was expected R = 0,028. This level of accuracy which is within the order of 2,69% is better as compared to the accuracy of 15% carried in an earlier publication.

The high temperature form of indium(III) sulphide(β-In$_2$S$_3$) has been obtained by the heating of indium in the excess of sulphur at 600°C during 72 hours in a quartz tube sealed under vacuum (10^{-6} mm Hg) followed by a slow cooling in the oven to room temperature. The heating is done by steps, so as to avoid an eventual explosion due to the pressure of sulphur vapour. The study of the crystal structure of (β-In$_2$S$_3$) has been re-done and it shows that β-In$_2$S$_3$ crystallises in a cubic system, space group Fd3m; its cell parameters are: a = 10.793 Å and V = 1257 Å^3, with the precision R= 0.0208, that expected being Rw = 0.0170. It is a spinel structure, with cell parameters of the cell a=10,74 Å, with accuracy R = 0,156. On the

Abstract

basis accuracies obtained in one or the other cases, the results obtained in the present work are more precised than those published earlier.

In the homogeneity region generally described in Sb_2S_3-Sb_2Se_3, we have identified and characterized the compound $Sb_2Se_{2,1}$-$S_{0,9}$. it may be synthesized either from the elements, or from chalcogenides, in stoechiometric proportion. Synthesis is carried out in sealed quartz tubes under a vacuum of about 10^{-6}mm Hg, while heating at 800° C for 48 hours, followed by annealing at 450 °C during 30 days, in order to obtain single crystals. Isomorphous to Sb_2S_3 and Sb_2Se_3, it crystallized in the orthorhombic system with the space group Pnma. The cell parameters are a= 11,687(3) Å, b=3,938(1) Å, c=11,540(3) Å; V=531,1 Å^3, and Z=4. Refinement of the structure was done by least squares method, using 881 independent reflections with R=0,0216 and Rw = 0,0167. The coordinates of the atoms, the interatomic distances and the bond angles of the antimony(III) seleniosulphide $Sb_2Se_{2,1}S_{0,9}$ were determined.

During the preparation of $Cu_3PS_2Se_2$ by the substitution of sulphur atoms by those of selenium in copper I ortho-thiophosphate(Cu_3PS_4), our experimental conditions led us to the compound $Cu_3PS_{2,36}Se_{1,64}$. Single crystals of this quaternary compound $Cu_3PS_{2,36}Se_{1,64}$ were obtained from a mixture of pure copper, phosphorus, sulphur and selenium (Serlabo) in required proportions. They were heated in intervals between 300 and 800 °C for a duration of 48 hours, followed by reheating at 600°C for 20 days. They may also be prepared from an intimate mixture of copper I ortho-thiophosphate and copper(I) ortho-seleniophosphate (Cu_3PS_4 and Cu_3PSe_4 respectively). This quaternary compound crystallized in orthorhombic system, space group $Pmn2_1$, with cell parameters a = 7,465(2) Å, b = 6,464(2) Å, c = 6,173(2) Å, V = 298,8 Å^3. Refinement of the structure was done from the known structure of énargite (Cu_3AsS_4) and we obtained an agreement indice R = 0.0613, compared to the weighted value of R_W = 0.0446.

The isomorphic substitution supported by the crystal structure will favour the increase or appearance in electronic conductivity, a phenomenon which is being studied experimentally.

Key words: Chalcogenide, sulfide, selenide, phosphate, ternary, quaternary, antimony, indium.

INTRODUCTION GENERALE

Nous savons que dans l'étude des propriétés électriques des chalcogénures, les séléniures et les tellurures mêmes bien stœchiométriques sont semi-conducteurs du fait du caractère métallique des chalcogènes sélénium et tellure. Il n'en est pas a priori ainsi dans les autres chalcogénures, surtout des oxydes. Cependant dans ces derniers la non stœchiométrie et les lacunes structurales entraînent au moins une semi-conduction sensible et souvent exploitée. Cette propriété apparaît souvent dans les chalcogénures des éléments à plusieurs degrés d'oxydation où la non stœchiométrie est pratiquement très courante. Des travaux antérieurs ont démontré que les éléments terreux (groupe 13) et les azotides (groupe 15) ne donnent pas toujours des chalcogénures ternaires (Kamsu Kom, 1966). Si avec l'oxygène il est possible d'obtenir des combinaisons $[15]O_x[13]_y$, il n'en est pas de même avec le soufre. Ainsi, les ortho-thiophosphates de bore (PS_4B) et d'aluminium (PS_4Al) ont été décrits alors que dans les mêmes conditions expérimentales leurs homologues avec l'indium (PS_4In) et l'arsenic(AsS_4In) (Kamsu Kom, 1966) n'ont pas pu être synthétisés. Dans les rapports $\frac{P}{In}=1$ et $\frac{As}{In}=1$, les mêmes auteurs n'ont obtenu aucune combinaison ternaire avec le soufre et le sélénium. C'est dans les rapports $\frac{P}{In}=2$ et $\frac{As}{In}=2$ que se sont formés les uniques ternaires $[In(PX_2)_2]_2$ et $[In(AsX_2)_2]_2$, X étant le soufre ou le sélénium. Nous avons entrepris les mêmes essais avec l'antimoine.

Pour ce qui concerne le système Sb_2S_3-Sb_2Se_3, il ressort des travaux antérieurs que nous avons pu consulter qu'il s'y forment des solutions continues (Peter et Werner,1972). Cependant les antimoines (III) sulfure et séléniure (Sb_2S_3 et Sb_2Se_3, respectivement) restent les seuls composés du système dont les monocristaux ont été obtenus et les structures cristallographiques entièrement décrites. Etant donné le caractère métallique du sélénium, les composés quaternaires de ce système sont susceptibles d'avoir des propriétés physico-chimiques très intéressantes, notamment la semi conductivité. Dans le but de réétudier la substitution progressive entre les atomes de soufre et de sélénium dans les antimoine(III) chalcogénures mixtes, nous avons obtenu un composé bien cristallisé que nous croyions être

Sb_2Se_2S attendu. Les travaux cristallographiques affinés nous ont révélé la formule $Sb_2Se_{2,1}S_{0,9}$ bien cristallisée qui nous a paru d'un très grand intérêt fondamental et pratique car le possible positionnement spatial des atomes éclaire mieux les propriétés tant exploitées des antimoines (III) chalcogénures mixtes et autorisent d'autres prévisions.

De même les chalcogénures et les anions contenant le phosphore et le sélénium sont actuellement au centre des intérêts aussi bien du point de vue théorique que pratique de très nombreuses investigations, car ils entrent dans la composition des matériaux très utilisés dans les thermocouples et les photopiles (Chondroudis et Kanatzidis, 1995-97), (Chondroudis, McCarthy et Kanatzidis, 1996),

Dans le cuivre(I) ortho-thiophosphate la chaîne phosphore-soufre est théoriquement isolante et la conductivité dans ce composé ne devrait dépendre que de l'ion cuivreux. La substitution d'un ou de deux atomes de soufre par le sélénium devrait aboutir à des propriétés électriques plus appréciables et pratiquement intéressantes, ces derniers contribuant à la conduction. Avec cette hypothèse nous avons pris l'initiative de reprendre la synthèse et l'étude de la structure cristallographique des composés de formule générale $Cu_3PS_{4-x}Se_x$, afin de mieux interpréter les propriétés photoélectriques déjà abordées (Marzik et al., 1983). Dans le cas de $Cu_3PS_2Se_2$, l'hypothèse n'a pas été confirmée au plan expérimental et il s'est formé plutôt le quaternaire de formule $Cu_3PS_{2,36}Se_{1,64}$. Nous avons, au cours du présent travail, mis au point de nouvelles méthodes de préparation des monocristaux de cuivre(I) ortho-thiosélénophosphate de formule $Cu_3PS_{2,36}Se_{1,64}$, et dont la structure cristallographique a été étudiée de manière précise et détaillée, par diffractométrie de rayons X.

D'une manière générale le présent travail comporte un premier chapitre qui traite de la revue bibliographique; un deuxième chapitre qui concerne les techniques expérimentales mises en œuvre; un troisième chapitre est consacré à la contribution à l'étude du système Sb_2S_3-In_2S_3; un quatrième chapitre réservé à la contribution à l'étude du système Sb_2S_3-Sb_2Se_3; un cinquième chapitre qui traite de la contribution à l'étude du système $CuPS_4$-$CuPSe_4$ et une conclusion générale.

CHAPITRE I
REVUE BIBLIOGRAPHIQUE

I.1 - INTRODUCTION

Les chalcogénures des éléments du groupe 15 et leurs solutions solides avec leurs homologues du groupe 13 de la classification périodique des éléments ont fait l'objet de nombreuses investigations dues aux propriétés électriques qui font que ces matériaux soient utilisés dans les photopiles et les thermocouples (Kamsu Kom, 1966; Guliev et al, 1977; Laminsi et al,1992, 1999, 2003) au même titre que ceux de formule générale $Cu_3PS_{4-x}Se_x$ (Marzik et al 1983 ; Rao C.N.R,1988).

Dans des travaux antérieurs (Kamsu Kom,1966) avait démontré que les éléments terreux (colonne du bore) et les azotides (colonne de l'azote) ne donnent pas toujours des chalcogénures ternaires. S'il est possible avec l'oxygène d'obtenir des combinaisons $[15]O_x[13]_y$, il n'en est pas de même avec le soufre.

Ainsi les ortho-thiophosphates de bore(PS_4B) et d'aluminium (PS_4Al) ont été décrits alors que leurs homologues avec l'indium (PS_4In) et l'arsenic (AsS_4In) n'ont pas pu être synthétisés (Kamsu Kom, 1966).

Dans les rapports $\frac{P}{In}=1$ et $\frac{As}{In}=1$, nous n'avons obtenu aucune combinaison ternaire avec le soufre et le sélénium. C'est dans les rapports $\frac{P}{In}=2$ et $\frac{As}{In}=2$ que se sont formés les uniques ternaires $[In(PX_2)_2]_2$ et $[In(AsX_2)_2]_2$, X étant le soufre ou le sélénium.

Nous avons entrepris les mêmes essais avec l'antimoine et le bismuth.

La revue bibliographique ci-dessous présentées sont relatives aux différents systèmes chimiques décrits dans le présent travail qui sont : $Sb_2S_3-In_2S_3$, $Sb_2S_3-Sb_2Se_3$ et $Cu_3PS_4-Cu_3PSe_4$.

I.2- SYSTEME Sb_2S_3-In_2S_3

I.2.1-Forme alpha de l'indium(III) métatrisélénio– antimonite In(α-SbSe$_3$)

I.2.1.1- Synthèse

Pour ce qui concerne l'indium(III) méta trisélénio–antimonite In(α-SbSe$_3$), les seules investigations rencontrées dans la littérature sont révèle sa synthèse sous ses différentes formes par la méthode chimique de transport (Guliev al, 1977)

I.2.1.2 – Caractérisation

Il ressort des mêmes travaux de Guliev et al que la forme alpha de l'indium (III) méta trisélénio – antimonite In(α-SbSe$_3$) cristallise dans le système orthorhombique de groupe spatial Pnma(n° 62 de la table internationale de cristallographie). Ses paramètres de maille sont a = 9,45 Å ; b =3,92 Å ; c =13,90 (4) Å.

I.2.2 – Antimoine(III) iodo sulfure (SbSI)

Les travaux antérieurs relatifs à l'antimoine(III) di-iodosulfure (SbSI) que nous avons pu consulter se limitent à la synthèse et à la caractérisation de ce dernier.

I.2.2.1- Synthèse

Il ressort des recherches bibliographiques que l'antimoine(III) iodo sulfure (SbSI) est obtenu à partir d'un mélange de l'antimoine(III) sulfure et iodure (Sb_2S_3 et SbI_3 respectivement) dans le rapport Sb_2S_3 : SbI_3 = 4 : 1, scellé sous vide dans un tube de pyrex, et chauffé dans un gradient de température de 400 à 350° C pendant quelques jours (Kikuchi et al, 1967)

Aucune autre investigation n'a été faite sur cet antimoine(III) sulfure substitué décrit par les auteurs comme un simple composé ternaire de formule curieuse SbSI.

I.2.2.2 – Caractérisation

La structure cristallographique du ternaire SbSI a été caractérisée pour la première fois en 1967 par Kikuchi et al. Il cristallise dans le système orthorhombique, de groupe spatial pnma pour la phase para électrique à 35° C et $Pna2_1$ pour la phase ferroélectrique à 5°. Ses paramètres de maille sont a = 8,5(2) Å; b = 4,1(0)Å; c = 10,1(3) Å; V = 354 Å^3; Z = 4; d = 5,27 avec R = 0,15 (Kikuchi et al, 1967)

Nous avons entrepris des recherches sur ledit le composé, notamment dans la direction de la mise au point des nouvelles méthodes de sa synthèse de ce ternaire, ainsi qu'une étude plus précise et plus détaillée de sa structure cristallographique.

I.2.3- Indium(III) sulfure In_2S_3

Il ressort des travaux antérieurs que nous avons pu consulter que les premières descriptions des binaires du système In-S ont porté sur les composés In_2S, InS et In_2S_3 (Thiel et al, 1928; Klennu et Vogel, 1934). Les composés tels que InS, In_5S_6, In_2S_4 et In_2S_3 ont été ensuite caractérisés (Stubls et al, 1952). Une étude cristallographique des différentes phases du système a permis de n'identifier que InS, In_6S_7 (et non In_5S_6), et In_2S_3 (Duffin et Hogg, 1966). In_2S_3 a une fusion congruente à 1098° C, InS et In_6S_7 ont des décompositions péritectiques, respectivement à 660°C et 770 C, tandis que In_3S_4 n'est stable qu'entre 370°C et 840°C, température à laquelle il présente également une décomposition péritectique

Le binaire qui nous intéresse dans ce système est l'indium (III) sulfure In_2S_3. Ce dernier a fait l'objet des travaux où deux formes en sont décrites (Stöwe et Philipp, 1994). La forme de basse température (α-In_2S_3) cubique faces centrées de type blende avec a = 5,3774 Å et la forme de haute température (β-In_2S_3), avec a = 10,74Å.

I.2.3.1- Synthèse

La forme jaune de l'indium$_{(III)}$ sulfure In_2S_3 se prépare à la température ordinaire en milieu aqueux et la forme rouge résulte de la combinaison des éléments à haute température. Cette deuxième forme est celle que nous avons utilisée dans le présent travail.

L'indium$_{(III)}$ sulfure s'obtient par fusion de l'indium ou de son oxyde avec le soufre ; dans ces cas on obtient une masse brune et frittée (Winkler, 1967, 1890; Likforman et al, 1979)

Il se prépare également en tube de quartz scellé sous vide par fusion d'indium dans un excès de soufre (Thiel et al, 1928). C'est cette deuxième méthode qui a été utilisée dans le présent travail.

.2.3.2- Caractérisation

Les premières études de la structure ont décrit deux formes de l'indium$_{(III)}$ sulfure. La forme de basse température α-In_2S_3, est cubique à faces centrées de type blende, iso type de

γ-Al$_2$O$_3$ avec a = 5,37Å. A 300°C il se transforme en β-In$_2$S$_3$ de type spinelle, iso type de γ-Al$_2$O$_3$, avec a = 10,74Å. 70% d'atomes d'indium occupent les sites octaédriques et les autres 30 %, les sites tétraédriques, formés par l'empilement des atomes de soufre (Stöwe et Philipp, 1994).

Il fut ensuite montré que l'on peut indexer la totalité des raies du diagramme de poudre de β- In$_2$S$_3$ dans le système quadratique résultant de la superposition de trois mailles de type spinelle de l'assemblage cubique compacte du soufre. Le réseau quadratique ainsi formé possède une base centrée et est représenté par un réseau quadratique équivalant de paramètre a = $(2^{1/2}/2)$ a$_o$, c = 3a$_o$. Cette maille contient 8 formules moléculaires de In$_2$S$_3$ (Rooymans, 1959)

Les interstices octaédriques occupés par l'indium sont les mêmes, qui se trouvent dans la structure spinelle. Par contre, les interstices tétraédriques du spinelle ne sont pas tous occupés, 4 d'entre eux restant lacunaires dans la maille quadratique. C'est la mise en ordre de ces lacunes qui conduit au modèle quadratique. Une étude sur monocristal a permis la détermination de la structure avec une précision de R=0,156 (steigman et al, 1965). Il utilise le groupe quadratique I4$_1$/amd au lieu du groupe I4$_1$22 de Rooymans (Rooymans, 1959).

L'étude de la transformation ordre-désordre de In$_2$S$_3$ a été reprise par l'ATD et deux accidents à 420 et 750 ont été observés. L'accident à 420° C est attribué à l'ordonnance des lacunes, mais le deuxième n'a pas pu être expliqué (Hatwell et al, 1961).

La reprise des travaux précédents a montré que l'état désordonné de haute température, de type spinelle, ne peut être obtenu que par trempe de produits liquides. Pour cette phase désordonnée, la localisation des lacunes sur les seuls sites tétraédriques d'un réseau spinelle est confirmée. Il existe cependant une forte proportion d'ordre à longue distance (Huber, 1976).

Pour la phase ordonnée à laquelle Huber attribue le groupe I4$_1$22, il est mis en évidence des macles multiples autour de l'axe (111) avec (110) comme plan de macle. Ces macles se reproduisent à l'échelle microscopique et justifient la multiplication par 3 du réseau spinelle. Pour Huber, la transition signalée à 420°c ne correspond pas à la transformation ordre-désordre, puisque la forme désordonnée est dans un état métastable à l'état solide.

La phase quadratique persiste jusqu'à 750°C, température au-dessus de laquelle s'observe une phase hexagonale gamma de paramètres a = 3,85 Å et c = 9,15Å (Kundra et Zali, 1976)

Le travail précédent a été complété par la description de la structure cristalline contenant de la forme gamma sur un produit contenant une faible proportion d'arsénic ou d'antimoine utilisés comme agents stabilisateurs de la structure. Les atomes d'indium occupent les sites octaédriques, alors que les atomes stabilisateurs occupent les sites tétraédriques (Diehl, Carpentier et Nitche, 1976).

D'après les recherches bibliographiques que nous avons pu effectuer, les travaux antérieurs les plus récents portent sur la mise en évidence d'un domaine d'homogénéité de type spinelle direct, entre les compositions $InS_{1,5-\epsilon}$ et $In\ S_{1,35}$ (Likforman et al, 1979). L'étude structurale sur monocristal de la phase spinelle de composition $InS_{1,44}$ montre l'existence des lacunes d'indium sur les seuls sites tétraédriques. Le composé In_2S_3, quelles que soient les conditions de formations est toujours une sur structure quadratique du réseau spinelle (a_o) avec $a = a_o 2^{1/2}$; $c=3a_o$ et $a_o=10,780 Å$. Le domaine de type spinelle présente une décomposition péritectique à la température de 850°C pour la composition $InS_{1,40}$ (Hann et Klinglor, 1949; steigman et al, 1965)

I.3 - SYSTEME Sb_2S_3 - Sb_2Se_3

Pour ce qui concerne le système Sb_2S_3-Sb_2Se_3, les travaux antérieurs que nous avons pu consulter indiquent des investigations sur l'antimoine(III) sulfure(Sb_2S_3), l'antimoine(III) séléniure (Sb_2S_3) et de solutions solides formées entre les deus chalcogénures ternaires.

1.3.1- antimoine III sulfure (Sb_2S_3)

1.3.1.1-Synthèse

Les antimoines (III) et V sulfures (Sb_2S_3 et Sb_2S_5 respectivement), sont les homologues des antimoines (III) et V oxydes (Sb_2O_3 et Sb_2O_5 respectivement). Ce sont les composés les plus couramment cités du système Sb-S.

De nombreux travaux qui se complètent mutuellement ont abouti à l'établissement du diagramme de phase de ce système (Pelabon, 1907, 1908 et 1911; Guinchant et Chrétien, 1904, 1906 ; Jäger et Haga, 1916).

Il ressort de cet ensemble de travaux qu'à la température où l'on observe des phases liquides, il ne peut exister qu'un seul sulfure Sb_2S_3 dont la fusion est congruente aux environs de 550°C.

L'antimoine(III) sulfure se présente sous différentes formes qui dépendent du mode de préparation. On distingue la forme cristallisée, amorphe et colloïdale. La forme cristallisée est celle qui nous intéresse dans le présent travail et dont les paramètres de maille sont inscrits dans le tableau I.I ci-dessous.

L'antimoine(III) sulfure Sb_2S_3 s'obtient en réduisant l'antimoine(III) oxyde (Sb_2O_3) ou des antimoniates par le soufre en excès.

Le potassium thiocyanate (KSCN) réduit également l'antimoine(III) oxyde Sb_2O_3 en antimoine (III) sulfure cristallisé lorsque la réaction a lieu à chaud (West et Jones, 1951).

La décomposition de l'antimoine(V) sulfure (Sb_2S_5) vers 220°C dans un courant d'anhydride carbonique donne de l'antimoine(III) sulfure cristallisé. Cette réaction peut aussi être réalisée par voie humide (West et Jones, 1951).

L'antimoine(III) sulfure peut être également obtenu par chauffage en ampoule scellée sous vide, de l'antimoine métallique avec le soufre, le sulfure formé se sépare de l'antimoine, les deux liquides n'étant pas miscibles (West and Jones, 1951).

1.3.1.2- Caractérisation

La structure de l'antimoine(III) sulfure a été étudiée pour la première fois par Hofmann en 1933 qui a déterminé son système cristallin orthorhombique et ses paramètres de maille a = 11,20 Å ; b = 11,28 Å et c = 3,83Å. Ces travaux ont été confirmés et complétés par ceux de Scavnicar qui ont apporté d'importantes précisions dans la position des atomes de soufre et d'antimoine dans la maille élémentaire (Scavnicar, 1965). Cette structure est constituée des polymères de Sb_4S_6 parallèles comme des rubans, reliés entre eux par des attractions intermoléculaires des atomes d'antimoine et de soufre distants de 3,20; 3,33 et 3,60Å. Dans chaque ruban les liaisons sont de longueur différente suivant les deux différents types de coordination présentés à la fois par l'antimoine et le soufre. Une moitié d'atomes d'antimoine est entourée par cinq atomes de soufre aux distances de 2,49(1), 2,68(2) et 2,83(2)Å. Chacun de ces atomes de soufre étant relié à trois atomes d'antimoine. L'autre moitié d'atomes d'antimoine et le reste d'atomes de soufre présentent la trivalence et la bivalence habituelles respectivement, avec des liaisons de longueur 2,58Å.

Le polyèdre de coordination pour l'antimoine pentacoordonné est une pyramide à base carrée. L'atome d'antimoine est légèrement déplacé vers l'extérieur de la base de la pyramide.

Mais le niveau des équipements techniques à cette époque là ne permettait pas d'aller plus loin dans l'étude d'une structure cristallographique.

L'apparition dans le monde de la recherche des compteurs de radiations à trois dimensions a permis d'obtenir des données nécessaires à une plus précise détermination des distances interatomiques et des angles entre les liaisons (Peter et Werner, 1972).

Tableau I.I: Paramètres de maille de Sb_2S_3 (système orthorhombique)

Paramètres de maille (Å)	Peter et Werner (1972)	Scavnicar (1960)	Hofmann (1933)
a	11,2285(5)	11,25(2)	11,20
b	11,3107(9)	11,33(2)	11,28
c	3,8363(4)	3,84(1)	3,83

1.3.2- ANTIMOINES(III) SELENIURE (Sb_2Se_3)

1.3.2.1-Synthèse

Quant à l'antimoine(III) séléniure (Sb_2Se_3) C'est Pelabon qui, de 1906 à 1911, construisit le premier diagramme de phase du système binaire Sb-Se, avec son domaine de démixtion entre l'antimoine et son triséléniure liquide. Il y revint plus tard en 1911 pour relever de 518 à 566°C la température du palier du liquidus limite et du point de fusion du séléniure. Finalement, Parravano en 1913 supprima tout retard à la cristallisation et semble avoir fourni un tracé général plus correct.

Entre temps, d'autres chercheurs (Chikashiga et Fuyita,1917) avaient cru pouvoir remplacer le palier par un liquidus en pente, n'ayant pas observé la démixtion liquide dont les deux phases ont effectivement des densités différentes, et l'on devait plus tard croire à tord à l'existence d'un composé nouveau SbSe, comme résultat d'une interprétation erronée d'une courbe de forces électromotrices (Kremann et Wittek,1921).

Ces remarques préliminaires ont permis de décrire ainsi le diagramme (Pelabon, 1911), qui se divise en deux portions. La première, allant jusqu'à 49,31% en masse de sélénium comporte un liquidus partant de 630,5°C pour l'antimoine pur jusqu'à l'extrémité du palier limite de démixtion (12% à 36,5% en masse environ de sélénium) qui se développe à 572°C pour rattraper un eutectique Sb - Sb_2Se_3 situé à 530°C pour 40% en masse de sélénium.

La seconde partie du liquidus ne comporte qu'une branche accessible à l'expérience et descendant directement vers le point figuratif du sélénium, mais avec un point d'inflexion notable vers 500°C, pour environ 65% en masse de sélénium.

1.3.2.2- Caractérisation

D'après les travaux antérieurs que nous avons pu consulter (Donges, 1950), le composé Sb_2Se_3, est un composé isostructural de l'antimoine(III) sulfure, Sb_2S_3 (Hofmann, 1933). L'étude de la structure cristallographique de Sb_2Se_3 a été ensuite améliorée par l'utilisation des séries de Fourier et les méthodes modernes d'affinement de structure (Wyckoff, 1948 et Wells 1950).

Il cristallise dans le système orthorhombique, pnma. Les paramètres de maille sont présentés dans le tableau I.II ci-dessous et z = 4. Les longueurs des liaisons Sb - Se varient entre 2,576 Å et 2,777 Å ; les distances Sb - Se sans liaison chimique sont supérieures ou égales à 2,98 Å ; les angles Se - Sb - Se varient de 86,6° à 96° et ceux de Sb - Se - Sb de 91° à

98,9° ; cette structure est constituée des chaînes (polymères) parallèles à l'axe c (Tiedeswell et al, 1957).

Tableau I.II : Paramètres de maille de Sb_2Se_3 (système orthorhombique)

Paramètres de maille(Å)	Tiedeswell et al., (1957)	Donges, (1950)	Présent travail
a	11,62(1)	11,58	11,687(3)
b	11,77(1)	11,68	3.938(1)
c	3,962(7)	3,98	11,540(3)

I.3.3- Solutions solides ternaires du système Sb_2S_3-Sb_2Se_3

I.3.3.1- Synthèse

Pour ce qui concerne le système Sb_2S_3-Sb_2Se_3, il ressort des travaux antérieurs que nous avons pu consulter qu'il s'y forme des solutions solides continues (Peter et werner,1972). Cependant les antimoines (III) sulfure et séléniure (Sb_2S_3 et Sb_2Se_3, respectivement) restent les seuls composés du système dont les monocristaux ont été obtenus et les structures cristallographiques entièrement décrites comme (abrikosov et Ivlieva ,1968).

I.3.3.2- Caractérisation

Ils sont isomorphes et cristallisent dans le système orthorhombique avec comme groupe d'espace pnma. Les paramètres de la maille élémentaire de l'antimoine (III) sulfure (Sb_2S_3) sont: a = 11,3107(9) Å; b = 3,8363(4) Å et c = 11,2285(5) Å; ceux de l'antimoine (III) séléniure (Sb_2Se_3) sont: a = 11,72 Å; b = 4,008 Å et c = 11,60 Å (Peter et werner,1972).

Les solutions solides ci-dessus mentionnées ont été toujours obtenues à l'état de poudre, et aucune étude complète de leur structure cristallographique n'a été menée. Elle s'est généralement limitée à la détermination du groupe spatial, du système cristallin et des paramètres de la maille comme l'indique le tableau I. III ci-dessous.

Tableau I. III: paramètres de maille des solutions solides en fonction de la composition (système orthorhombique) (abrikosov et Ivlieva ,1968)

N°	Composition (moles %)		Paramètres (Å)		
	Sb_2S_3	Sb_2Se_3	a	b	c
1	100	-	11,28	3,83	11,25
2	95	5	11,32	3,85	11,24
3	85	15	11,35	3,86	11,27
4	65	35	11,40	3,88	11,32
5	50	50	11,49	3,93	11,39
6	35	65	11,55	3,95	11,45
7	20	80	11,64	3,98	11,49
8	-	100	11,72	4,008	11,60

1.4- SYSTEME Cu_3PS_4-Cu_3PSe_4

Les chalcogénures contenant le phosphore et le sélénium de formules: $K_4Pd(PS_4)_2$, $Cs_4Pd(PSe_4)_2$, $Cs_{10}Pd(PSe_4)_4$, $KPdPS_4$, $K_2PdP_2S_6$ et Cs_2PdP_2Se (Chondroudis et al. 1997) sont actuellement au centre des interêts aussi bien du point de vue théorique que pratique des nombreuses investigations car ils entrent dans la composition des matériaux très utilisés dans les thermocouples et les photopiles.

Dans le cuivre(I) ortho-thiophosphate la chaîne phosphore-soufre est théoriquement isolante et la conductivité dans ce composé ne devrait dépendre que de l'ion cuivreux. La substitution d'un ou de deux atomes de soufre par le sélénium doit aboutir à des propriétés électriques plus appréciables et pratiquement intéressantes, ces derniers contribuant à la conduction. Avec cette hypothèse nous avons entrepris de reprendre la synthèse des composés de formule générale $Cu_3PS_{4-x}Se_x$, déjà abordés (Ferrari et Cavalca, 1948). Le premier composé où x = 1,64 est le cuivre I ortho-thiosélèniophosphate ($Cu_3PS_{2,36}Se_{1,64}$), composé qui s'est formé préférentiellement dans notre tentative de synthèse de $Cu_3PS_2Se_2$.

Parmi les composés du système Cu_3PS_4 - Cu_3PSe_4, seules les structures cristallines de cuivre I de l'ortho-thiophosphate et de l'ortho-sélèniophosphate (Cu_3PS_4 et Cu_3PSe_4 respectivement) ont été étudiées (Ferrari et cavalca, 1948 ; Nitshe et wild , 1970; Garin et Parthé, 1972; Toffoli, Rodier et Khodadad, 1976; Marzik et al, 1983). L'étude cristallographique des autres composés du système tels que $Cu_3PS_2Se_2$ et Cu_3PS_3Se s'étant limitée à la détermination des paramètres et volume de la maille élémentaire (Marzik et al,1983).

Dans le cadre du présent travail nous avons voulu reprendre la préparation du quaternaire $Cu_3PS_2Se_2$, et faire une étude détaillée de structure cristallographique afin de mieux interpréter ses propriétés photoélectroniques (Marzik et al, 1983).

1.4.1- CUIVRE(I) ORTHO-THIOPHOSPHATE (Cu_3PS_4)

1.4.1.1 – Synthèse

Le cuivre I ortho-thiophosphate (Cu_3PS_4) a fait l'objet de nombreux travaux antérieurs : il a été obtenu pour la première fois au XXème siècle dernier par réaction en tube de quartz scellé sous vide de cuivre(I) chlorure ou du sulfure (CuCl et Cu_2S, respectivement) avec du pentasulfure de phosphore (P_2S_5) (Glatzel, 1893 et Ferrand, 1899).

Des monocristaux de ce ternaire ont été obtenus par Nitsche et Wild à partir de 4 grammes d'un mélange stœchiométrique des éléments de haute pureté (99,999%) et 100 mg d'iode, agent chimique de transport, scellé dans un tube de quartz de 1,5 cm de diamètre et 10 cm de longueur. Le tube est ensuite chauffé dans un four horizontal à gradient de température (T1 = 850°C et T2 = 800°C).

Garin et Parthé ont également synthétisé ce composé par chauffage à 800°C d'un mélange d'éléments constitutifs en tube de quartz scellé sous vide pendant dix jours, suivi d'un refroidissement lent à l'intérieur du four.

Ce même composé a été également obtenu par transport chimique en phase gazeuse utilisant simultanément l'iode et le brome, dans un tube de quartz scellé sous vide contenant un mélange stœchiométrique d'éléments constitutifs. La présence du brome milite pour la formation de monocristaux de grande taille (Marzik et al, 1983).

1.4.1.2 – Caractérisation

Des deux premiers travaux sur la structure de cuivre I ortho-thiophosphate, il ressort que les dimensions de la maille élémentaire sont virtuellement identiques à celles de l'énargite Cu_3AsS_4 (Ferrari et Cavalca, 1948; Nitsche et Wild, 1970). D'après les travaux de Garin et Parthé en 1972, le ternaire Cu_3PS_4 est isostructural de l'énargite, Cu_3AsS_4 et de l'ortho-séléniophosphate de cuivre(I), Cu_3PSe_4. Ses paramètres de maille ont été déterminés à partir d'un échantillon en poudre.

Les travaux de Marzik et Al. (1983), ont confirmé ceux de Garin et Parthé. Ils ont remesuré les paramètres de la maille de Cu_3PS_4 à partir des échantillons polycristallins et des monocristaux. Les différents paramètres rencontrés dans la littérature sont présentés dans le Tableau I.IV ci-dessous.

Tableau I.IV: Paramètres de maille Cu_3PS_4 (système orthorhombique)

Paramètres (Å)	Marzik et al,(1983)		Garin et Parthé(1972)	Nitsche et Wild(1970)
	Poudre	Monocristal		
a	7,281 (2)	7,290 (6)	7,55	7,296 (2)
b	6,294 (2)	6,326 (6)	6,43	6,319 (2)
c	6,066 (2)	6,040 (6)	6,12	6,072 (2)

1.4.2- Cuivre I ortho- séléniophosphate (Cu_3PSe_4)

1.4.2.1 – Synthèse

D'après les travaux antérieurs que nous avons pu consulter, la première synthèse de cuivre I ortho-séléniophosphate a été faite par chauffage à 800°C pendant 10 jours d'un mélange stœchiométrique des constituants, dans un tube de quartz scellé sous vide, lequel chauffage est suivi d'un refroidissement lent jusqu'à la température ambiante (Garin et Parthé, 1972).

Une autre méthode de synthèse de ce ternaire consiste également à chauffer un mélange stœchiométrique d'éléments dans un tube de quartz scellé sous vide à 700°C pendant une semaine. On obtient alors des monocristaux de forme parallélépipédiques très allongés (Toffoli te al., 1976).

De monocristaux de cuivre I ortho-séléniophosphate ont été également obtenus par transport chimique à l'aide d'un mélange d'iode et de brome dans un tube de quartz scellé sous vide, dans lequel se trouve préalablement un mélange stœchiométrique des réactants. La cuisson se fait dans un four à trois zones entre 700°C et 800°C pendant 7 jours (Marzik et al., 1983).

1.4.2.2 - Caractérisation

Il ressort des recherches bibliographiques que nous avons pu effectuer que de nombreux travaux de recherche sur la structure cristalline de cuivre I ortho-séléniophosphate par les méthodes photographiques de weissemberg et de précession ont permis de déterminer son système cristallin qui est orthorhombique, ainsi que ses paramètres de maille comme l'indique le tableau I.V (Ferrari et Cavalca, 1948 ; Ottet et al, 1972 ; Garin et Parthé, 1972).

Tableau I.V: Paramètres de maille de Cu_3PSe_4 (système orthorhombique)

Paramètres (Å)	Garin et Parthé (1972)	Toffoli et al. (1976)	Marzik et al. (1983)
a	7,697(2)	7,690(4)	7,700(1)
b	6,661(2)	6,688(4)	6,700(1)
c	6,381(2)	6,374(4)	6,396(2)

Ces travaux ont été repris à l'aide d'un diffractomètre automatique à quatre cercles, ce qui a permis de confirmer et de préciser les résultats déjà obtenus (Toffoli et al., 1976)

1.4.3- Cuivre(I) ortho-thiosélénophosphate du système Cu_3PS_4-Cu_3PSe_4

1.4.3.1 – Synthèse

Il ressort des travaux antérieurs que nous avons pu consulter que les quaternaires de formule générale $Cu_3PS_{4-x}Se_x$ (0<x≤4) n'ont pas fait l'objet de beaucoup d'attention de la part des chercheurs; les seuls composés de cette famille dont les modes d'obtention ont été décrits sont Cu_3PS_3Se et $Cu_3PS_2Se_2$. Ils se synthétisent à l'état de poudre polycristalline par réaction en tube de quartz scellé sous vide d'un mélange stœchiométrique des éléments cuivre, phosphore, soufre et sélénium, entre 750 et 800 °C pendant sept jours (Marzik,1983)

Les monocristaux du quaternaire Cu_3PS_3Se sont obtenus par transport chimique assuré par un mélange d'iode et de brome en faisant réagir également en tube de quartz scellé sous vide et dans un four à trois zones, un mélange stœchiométrique des éléments constitutifs à 600°C pendant 24 heures, alors que la zone voisine (de haute température) est à 1000°C. Le four est ensuite équilibré à 850°C et programmé pour atteindre 825°C dans la charge et 775°C dans la zone de culture de monocristaux (Marzik,1983).

C'est la tentative d'obtention du deuxième composé ($CuPS_2Se_2$) à l'état monocristallisé qui a conduit préférentiellement à la formation de cuivre I ortho-thiosélénophosphate, de formule $Cu_3PS_{2,36}Se_{1,64}$ dans nos conditions expérimentales.

I.4.3.2 – Caractérisation

L'étude cristallographique des autres composés du système tels que $Cu_3PS_2Se_2$ et Cu_3PS_3Se s'est limitée à la détermination des paramètres et volume de maille élémentaire comme l'indique le Tableau I.VI (Marzik et Al,1983)

Tableau I.VI : Paramètres de maille des autres composés du système Cu_3PS_4-Cu_3PSe_4 (système orthorhombique)

Formule	Poudres				Monocristaux			
	a (Å)	b (Å)	c(Å)	v(Å^3)	a(Å)	b(Å)	c(Å)	v(Å^3)
Cu_3PS_4	7,281(2)	6,294(2)	6,066(2)	278,0(3)	7,290(6)	6.326(6)	6.040(6)	278.5(8)
Cu_3PS_3Se	7,395(2)	6,408(2)	6,143(2)	291,1(2)	7,371(6)	6,421(6)	6,156(6)	291,4(8)
$Cu_3PS_2Se_2$	7,488(2)	6,499(2)	6,231(2)	303,2(3)				
Cu_3PSe_4	7,700(1)	6,700(1)	6,396(2)	330,0(2)				

CONCLUSION

Ces revues bibliographiques constituent un état de lieu qui va nous permettre de mieux orienter et situer les contributions relatives aux différents systèmes chimiques (Sb_2S_3-In_2S_3, Sb_2S_3-Sb_2Se_3 et Cu_3PS_4-Cu_3PSe_4), objet de la présente étude.

CHAPITRE II
TECHNIQUES EXPERIMENTALES

II.1 - INTRODUCTION

Nous illustrons des détails techniques importants qui interviennent dans les synthèses à l'état solide.

Les mécanismes intimes de ces réactions décrits et illustrés en première année de Doctorat, dans le cours de Chimie de l'Etat Solide du Professeur KAMSU KOM Jacques à la Faculté des sciences de l'université de Yaoundé I. Ils sont présentés ci-dessous car nous y ferons recours au cours de l'exposé de nos travaux expérimentaux et illustrerons l'une de nos synthèses par un mécanisme expérimental détaillé par exemple la synthèse de Sb_2S_3.

II.2- GENERALITES SUR LES MECANISMES DES REACTIONS EN MILIEU HETEROGENE

Dans le cadre du présent travail les réactions en milieu hétérogène sont celles qui mettent en jeu des réactants dont les états physiques ne sont pas identiques au moment de la réaction. Dans ces conditions certaines réactions jugées impossibles peuvent être astucieusement obtenues comme l'indique les figures 2.1- 2.5, page. 26 – 40.

II.2.1 - A soluble dans B

$$A + B \rightarrow AB \qquad (1.1)$$

Les réactants A et B se combinent pour donner le produit AB ; la réaction s'amorce et continue jusqu'à l'épuisement des réactifs A et B.
Mais très souvent il arrive que A ne soit pas soluble dans B.

La première étape du mécanisme des réactions chimiques en milieu hétérogène est schématisée comme l'indique la figure 2.1.

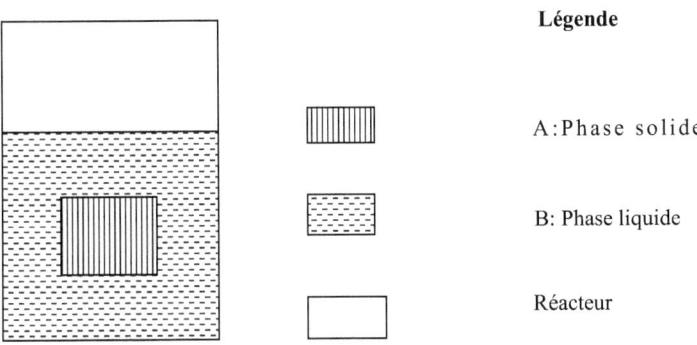

Figure 2.1: Mélange hétérogène solide-liquide

Au début de la réaction le solide A est entièrement immergé dans la phase liquide B et le contact inter facial es parfaitement assuré. L'évolution de la réaction se fait comme l'indique la figure 2.2 ci- dessous.

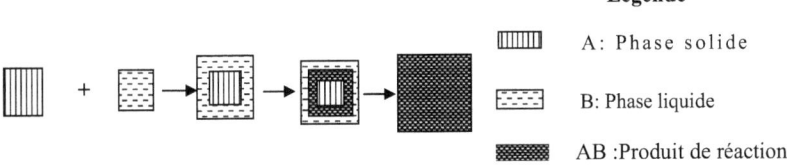

Figure 2.2: Réaction complète en milieu hétérogène

La réaction s'initie à l'interface solide-liquide, évolue par formation de la phase AB, jusqu'à l'épuisement des réactants.

II.1.2- A insoluble dans B

Lorsque A est insoluble dans B il faut, pour que la réaction se produise de manière complète, que l'une des conditions ci dessous soit remplie :

II.2.2.1 - A solubles dans AB

A un point de contact des phases A et B commence l'initiation de la réaction qui évolue par diffusion à travers AB dont la couche croît jusqu'à l'épuisement total de A et B comme l'indique la figure 2.2 page 28.

Cette schématisation peut être interprétée par les équations chimiques ci-dessous :

$$A + B \rightarrow AB \qquad (1.2)$$

$$AB + A \rightarrow A_2B \qquad (1.3)$$

$$A_2B + B \rightarrow A_2B_2 \ (2 \ AB) \qquad (1.4)$$

$$A_2B_2 + B \rightarrow A_2B_3 \qquad (1.5)$$

$$A_2B_3 + A \rightarrow A_3B_3 \ (3 \ AB) \qquad (1.6)$$

II.2.2.2 - A insoluble dans AB

Alors deux possibilités peuvent être examinées :

II.2.2.2.1- AB insoluble dans B

La réaction se fait péniblement ; elle ne progresse pas et s'arrête par passivation comme l'indique la figure 2.3.

Cependant la réaction peut continuer à évoluer si la phase AB a un point de fusion accessible dans les conditions expérimentales car il y a épluchage et le contact est rétabli comme l'indique la figure 2.3 ci-desous.

Dans cette condition, le réacteur ou le four doivent être tournants pour qu'une telle réaction soit complète.

II.2.2.2.2- AB réfractaire

Si la phase AB est réfractaire, c'est-à-dire à haut point de fusion ($T_f > 1800°C$), la réaction est définitivement passivée comme l'indique la figure 2.3.

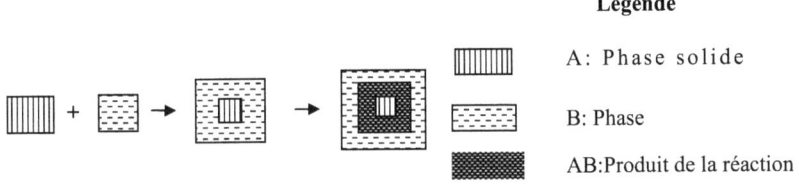

Légende

A : Phase solide

B : Phase

AB : Produit de la réaction

Figure 2.3: Passivation de la réaction en milieu hétérogène

Cette passivation ne peut être rompue que par explosion :

- Si B atteint son point d'ébullition, il y a explosion à cause de la forte tension de vapeur dans le réacteur.

- Si A atteint son point de fusion la pastille devient explosive; l'interface liquide-liquide est obtenue et, l'exothermicité et l'émulsion vont permettre l'évolution de la réaction comme l'indique la figure 2.4, jusqu'à l'épuisement d'au moins un des réactants A et B.

Légende

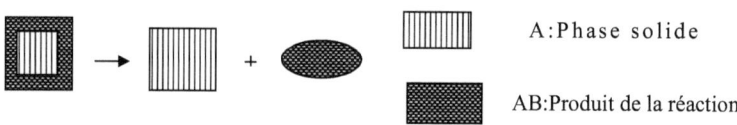

A : Phase solide

AB : Produit de la réaction

Figure 2.4: Epluchage après passivation en milieu hétérogène

Un réacteur ou un four tournant favorise la réaction qui évolue comme indiqué à la figure 2.5, car la rotation assure l'homogénéisation du mélange des réactants.

Légende

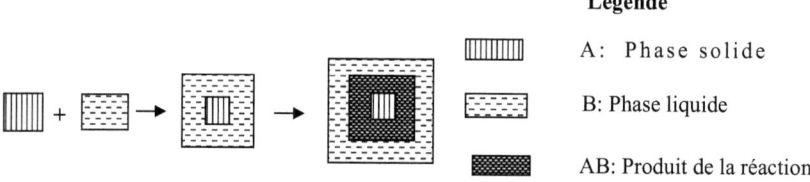

A : Phase solide

B : Phase liquide

AB : Produit de la réaction

Figure 2.5: Continuation par épluchage d'une réaction passivée

De proche en proche et en répétant plusieurs fois le phénomène d'épluchage, la réaction apparemment impossible au début va évoluer et devenir complète par épuisement des réactants A et B.

I.3 – EXEMPLE DE LA SYNTHESE DE L'ANTIMOINE (III) SULFURE Sb_2S_3

En chimie de l'état solide, les points de fusion et d'ébullition des réactants (antimoine et soufre dans le cas présent) sont les principaux paramètres qui permettent de contrôler la réaction. Ils sont ci-dessous indiqués dans le tableau II.I.

Tableau II.I : températures de fusion et d'ébullition des réactants et des produits

N°	Réactants et Produits	Point de fusion (°C)	Point d'ébullition (°C)
1	Antimoine (Sb)	630	1750
2	Antimoine (III) iodo-sulfure (SbIS)	392	
3	Antimoine (III) sélénure (Sb_2Se_3)	611	
4	Antimoine (III) sulfure (Sb_2S_3)	550	1150
5	Antimoine (III) sulfure (Sb_2S_5)	75 (décomposition)	
6	Indium (III) sélénure (In_2Se_3)		
7	Indium (III) Sulfure (In_2S_3)	1050	
8	Indium(In)	156,6	2000
9	Iode(I_2)	113,5	184,35
10	Sélénium (Se)	217	684,9
11	Soufre (S_8)	113	444,6

En pratique, la réaction se produit dans un réacteur en tube de quartz scellé sous vide et chauffé soit dans un four à moufle, soit dans un four tubulaire disposé horizontalement comme l'indique la figure 2.6 ci-dessous :

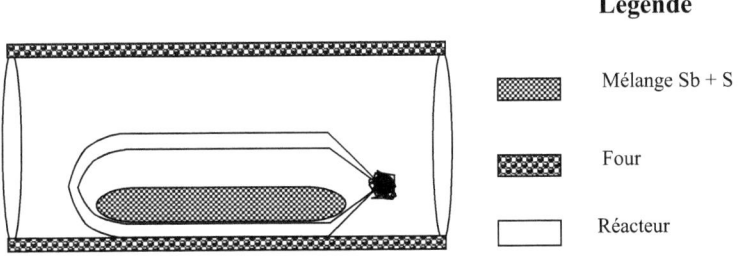

Légende

▓ Mélange Sb + S

▓ Four

☐ Réacteur

Figure 2.6 : Disposition pratique du réacteur dans le four

La figure 2.6 ci-dessus est la présente pratiquement de ce qui s'observe au laboratoire. L'évolution de la réaction est favorisée par la rotation soit du four, soit du réacteur.

Sb est presque qu'un "métal noble" donc s'oxyde et le sulfure sont peu stable à température ambiante.

La synthèse donnée par la réaction stœchiométrique simple se présente comme suit:

$$2Sb + 3S \xrightarrow{300-800°c} Sb_2S_3 + Q \qquad (1.7)$$

Elle traverse plusieurs étapes complexes. Le soufre bout avant 444,6°C, température correspondant à 760 mm Hg, soit la pression atmosphérique. Sous forme de vapeur sa pression dans le réacteur maintient une partie liquide. A 300°C, nous sommes dans les conditions requises et l'antimoine encore solide peut réagir avec le souffre liquide couvert de sa vapeur sous pression.

Nous sommes en milieu Triphasé **Gaz(S)-Liquide(S)-Solide (Sb)** et sous très haute pression de souffre vapeur.

La synthèse commence et finit en phase **hétérogène**. Avant la combinaison entre les deux réactants, il est interdit de dépasser ou d'atteindre la température de 630,6°C, température de fusion de l'antimoine; car l'explosion du réacteur avec endommagement du four serait inévitable. Après le début de la réaction, une élévation de la température accélère la combinaison, favorise la diffusion, l'homogénéisation et la cristallisation du produit obtenu, en dessous de son point de fusion.

Il convient de préciser que l'élévation de température se fait par paliers de 50°c, afin d'éviter l'explosion du réacteur sous l'effet surpression de la vapeur de soufre.

Un grand gradient de température dans le réacteur est également à éviter pour une bonne synthèse.

Mécanisme des réactions intermédiaires

$$2xSb + 3yS \xrightarrow{300-800°c} y_1Sb_2S_5 + y_2S + x_2Sb \qquad (1.8)$$

$$y_1Sb_2S_5 + y_2S + x_2Sb \rightarrow xSb_2S_3 \qquad (1.9)$$

La réalité dans le réacteur est traduite par les figures 2.7-2.13 ci-dessous

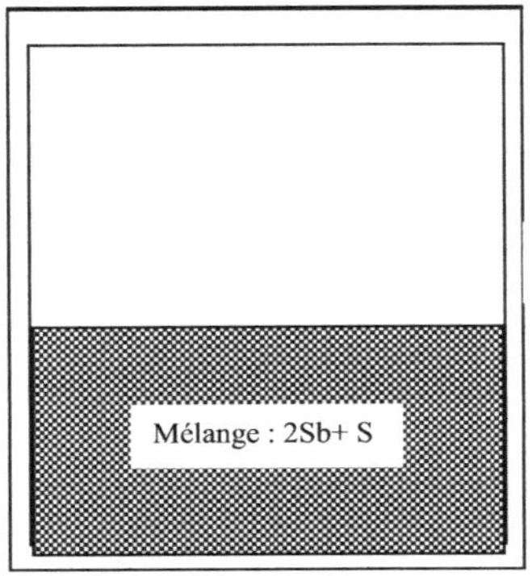

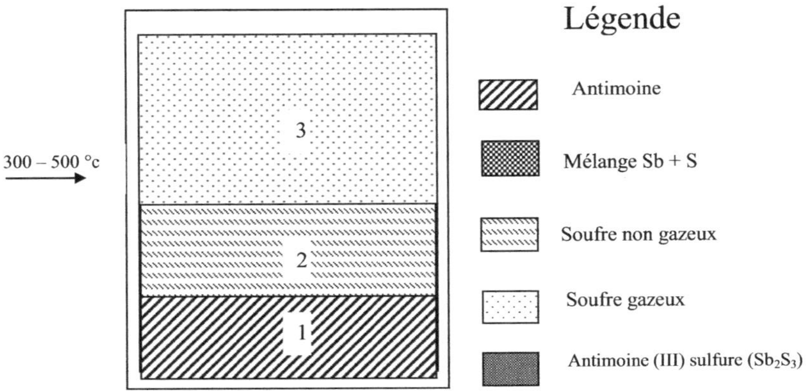

Techniques expérimentales

Figure 2.7: Mélange initiale (2Sb + 3S)

Légende
- Antimoine
- Mélange Sb + S
- Soufre non gazeux
- Soufre gazeux
- Antimoine (III) sulfure (Sb_2S_3)

Figure 2.8: Milieu triphasé
Gaz(S)-Liquide(S)-Solide(Sb) dans le réacteur
1 = Sb : antimoine solide
2 = S : soufre liquide
3 = S : soufre Gaz sous pression

Après chauffage entre 300 – 500 °C pendant un temps voulu, le mélange initialement homogène de la figure 2.7 réagit et il se forme un milieu hétérogène triphasé (Figure 2.8) constitué des phases gazeuse (soufre Gazeux sous pression), liquide(soufre liquide) et solide(antimoine solide) dans le réacteur.

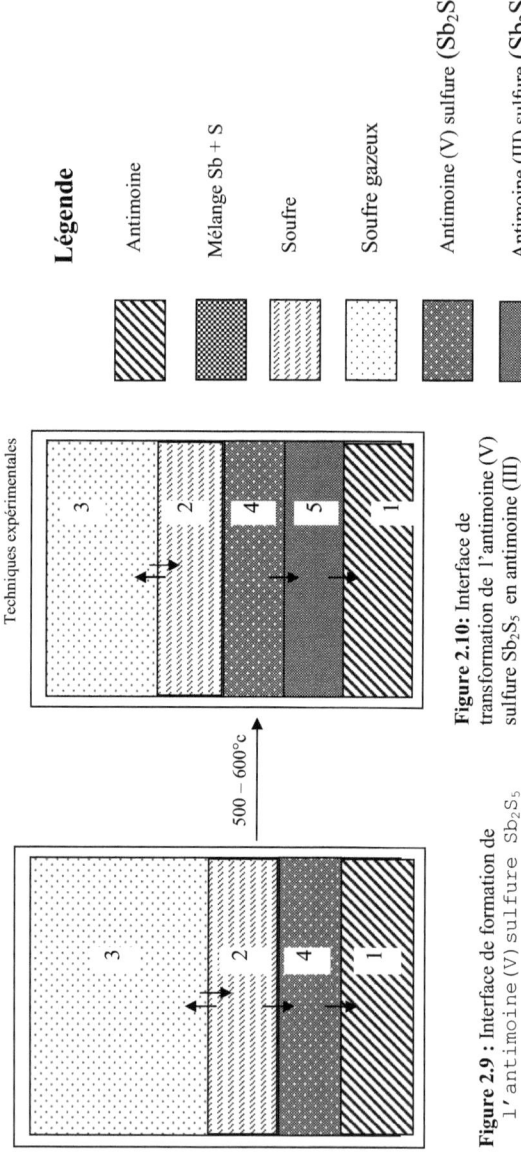

Figure 2.9 : Interface de formation de l'antimoine (V) sulfure Sb_2S_5

Figure 2.10: Interface de transformation de l'antimoine (V) sulfure Sb_2S_5 en antimoine (III) sulfure en Sb_2S_3

Légende

- Antimoine
- Mélange Sb + S
- Soufre
- Soufre gazeux
- Antimoine (V) sulfure (Sb_2S_5)
- Antimoine (III) sulfure (Sb_2S_3)

Lorsque le chauffage évolue entre 300 – 600 °C pendant un temps voulu, il se crée l'interface de formation de l'antimoine V sulfure Sb_2S_5 (figure 2.9) entre les phases gazeuse liquide (soufre liquide) et solide (antimoine solide). Au fur et à mesure que le temps passe cette réaction évolue, la couche de l'antimoine (V) sulfure Sb_2S_5 s'épaissie et il se crée également l'interface de la transformation en antimoine (III) sulfure Sb_2S_3 (Figure 2.10).

Techniques expérimentales

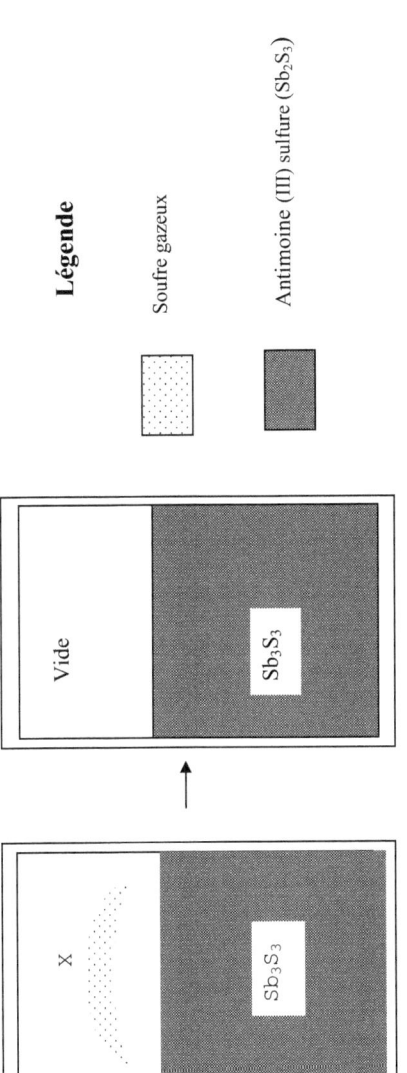

Figure 2.11 : Antimoine (III) sulfure en cours de

Figure 2.12 : Antimoine (III) sulfure cristallisé

Après un temps de réaction suffisamment long, le milieu réactionnel s'homogénéise progressivement par diffusion du soufre et formation d'une unique phase solide de l'antimoine (III) sulfure (Sb_2S_3) d'abord en cours de cristallisation et non stœchiométrique (Figure 2.11), et ensuite bien cristallisé et stœchiométrique (Figure 2.12).

L'étape E est la situation finale où le rapport espace occupé par x_3S vapeur et Sb_3S_{3-x3} composé stœchiométrique doit permettre la fin de la réaction par absorption de x_3S vapeur aboutissant à un espace vide à peu près équivalent à celui de départ en milieu solide (S + Sb).

Le passage à 800°C est sans danger et le maintien à cette température est favorable à l'absorption totale du x_3S et à la parfaite cristallisation de Sb_2S_3.

$$Sb_3S_{3-x3} + x_3S \longrightarrow Sb_2S_3 \quad (1.9)$$

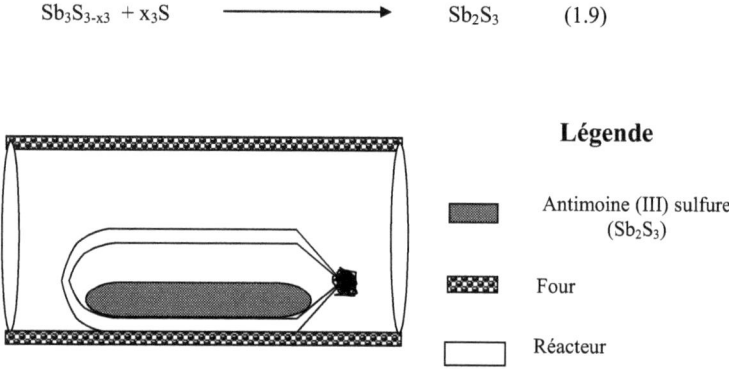

Légende

Antimoine (III) sulfure (Sb_2S_3)

Four

Réacteur

Figure 2.13 : Vue pratique de la figure 1.10 (B)

Conclusion

Ce réacteur en quartz explose très souvent quand on ne comprend pas le mécanisme intime de la synthèse en haute température sous vide en la chimie de l'état solide. La perte des produits entraîne de fois la destruction du four soit par chocs soit par agression chimique par ces produits de synthèse oxydés à l'air.

Une bonne maîtrise de la technique permet d'obtenir aisément des synthèses à l'état solide sans accident.

CHAPITRE III
CONTRIBUTION A L'ETUDE DU SYSTEME In$_2$S$_3$-Sb$_2$S$_3$

III.1 - INTRODUCTION

Nous avons entrepris la suite des travaux de Kamsu Kom, (1966) avec l'antimoine et le bismuth, dans le but de synthétiser les ternaires de formules [In(SbX$_2$)$_2$]$_2$ et [In(BiX$_2$)$_2$]$_2$, X étant le soufre ou le sélénium; alpha indium (III) ortho trithio-antimonite In(α-S$_3$Sb) est le seul composé pur que nous avons obtenu avec le soufre dans le rapport $\frac{Sb}{In}$=1 au lieu de l'indium (III) ortho-thioantimonite attendu SbS$_4$In.

Dans le rapport $\frac{Sb}{In} = 2$, des monocristaux de l'alpha indium (III) ortho trithio-antimonite (α-InS$_3$Sb) apparaissent aisément dans les produits de la réaction.

$$Sb + In + 3S \rightarrow In(\alpha\text{-}S_3Sb) \qquad (3.1)$$

Nous pensons que ces monocristaux résulteraient de la décomposition thermique de [In(SbS$_2$)$_2$]$_2$ dont les études sont en cours.

Une tentative d'obtention des monocristaux de l'alpha indium (III) ortho trithio-antimonite (α-InS$_3$Sb) suivant l'équation (3.1) et en présence de l'iode que nous avons voulu utiliser comme agent chimique de transport nous a plutôt conduit aux monocristaux de béta indium (III) sulfures (β-In$_2$S$_3$) et de l'antimoine (III) di-iodosulfure (Sb$_2$S$_2$I$_2$).

Ceci suggère également la nécessité de l'utilisation d'un agent chimique de transport dans l'élaboration des monocristaux de béta indium (III) sulfure (β-In$_2$S$_3$).

III.2 - CONTRIBUTION A L'ETUDE DE LA FORME ALPHA DE L'INDIUM (III) META TRITHIO – ANTIMONITE $In(\alpha\text{-}SbS_3)$

Les chalcogénures des éléments des groupes 13 et 15 de la classification périodique, leurs solutions solides et les alliages métalliques y relatifs ont fait l'objet de nombreuses investigations dues aux propriétés électriques qui font que ces matériaux soient utilisés dans les photopiles, les thermocouples et les lasers (Kamsu Kom, 1966; Guliev et al, 1977; Laminsi et al,1992, 1999, 2003; Rao,1988).

Dans cette optique une bonne maîtrise des différentes méthodes de synthèse et une étude cristallographique précise et détaillée de l'indium III ortho trithio-antimonite [In (α-SbS$_3$)] (Laminsi et al,1992, 2004) va permettre de bien comprendre et de mieux interpréter l'évolution des propriétés physico-chimiques souvent décrites et exploitées de cette famille de matériaux.

III.2.1 – Synthèse

Toutes nos préparations se font en tube de quartz scellé sous vide (10^{-6} mm Hg), soit à partir d'un mélange des éléments ou d'un alliage équi - atomique d'antimoine et d'indium (Sb+In et SbIn respectivement) en présence d'un excès de soufre, soit d'un mélange équimolaire de sulfure d'antimoine et d'indium (Sb$_2$S$_3$ et In$_2$S$_3$) dont le chauffage à 800 °C pendant 48 heures, est suivi d'un refroidissement lent dans le four jusqu'à la température ambiante. Quand il s'agit de la combinaison de deux sulfures, la montée de la température est rapide sur le mélange comprimé alors qu'elle se fait par paliers lents de 50°C quand le mélange contient du soufre élémentaire, afin d'éviter une éventuelle explosion due à la vapeur de soufre.

I - Dans le rapport $\frac{Sb}{In} = 1$: la seule combinaison obtenue est l'alpha indium (III) méta-thioantimonite [In(α-S$_3$Sb)] quels que soient les produits de départ et la quantité de soufre :

a) - A partir des éléments sous pression d'un excès de soufre

Quel que soit l'excès de soufre, nous obtenons toujours l'alpha indium (III) ortho trithio-antimonite [In(α-S$_3$Sb)].

$$In + Sb + 3,5\ S \xrightarrow{800°C} In(\alpha\text{-}S_3Sb) + 0,5\ S \qquad (3.2)$$

b) - A partir des deux sulfures en mélange intime comprimé

Le produit de la réaction reste le même [In(α-S$_3$Sb)]

$$In_2S_3 + Sb_2S_3 \xrightarrow{800°C} 2\ In(\alpha\text{-}S_3Sb) \qquad (3.3)$$

c) - A partir de l'alliage équi - atomique InSb avec un excès de soufre

S'il y a sulfuration directe de l'alliage avant son ébullition, cette réaction annonce l'existence de la liaison métal-métal à confirmer entre l'indium et l'antimoine In-Sb.

$$InSb + 3,5\ S \xrightarrow{800°C} \alpha\text{-}InS_3Sb + 0,5\ S \qquad (3.4)$$

II - Dans le rapport $\frac{Sb}{In} = 2$: quels que soient les produits de départ, nous devons ajouter du soufre élémentaire au mélange en léger excès. Ainsi, la montée de la température se fait par paliers lents pour éviter des explosions sous pression de la vapeur de soufre dont l'excès est indispensable pour cette synthèse.

$$In + 2Sb + 5\ S \xrightarrow{800°C} In(SbS_2)_2 + S \qquad (3.5)$$

$$InS + Sb_2S_3 + 1S \xrightarrow{800°C} In(SbS_2)_2 + S \qquad (3.6)$$

$$InSb_2 + 5S \xrightarrow{800°C} In(SbS_2)_2 + S \qquad (3.7)$$

Dans certaines conditions opératoires (faible pression intérieure et gradient de température) la synthèse correspondant à la réaction (3.6) a évolué pour donner de beaux cristaux de décomposition selon l'équation ci dessous.

$$In(SbS_2)_2 + 1S \rightarrow \alpha\text{-}InS_3Sb + 0,5\ Sb_2S_3 + 0,5\ S \qquad (3.8)$$

Les monocristaux isolés dans les produits de l'équation (3.8) nous ont dispensé du transport chimique décrit par les auteurs pour α-InSe$_3$Sb (Guliev et al., 1977).

Les préparations correspondant aux équations (3.2), (3.3) et (3.4) ne donnent pas de monocristaux mais leurs diagrammes de poudre sont identiques à celui de la phase α- InS₃Sb de l'équation (3.8) comme l'indique le tableau III.I.

Tableau III.I: Paramètre de maille de α-SbS₃In, produits des équations (3.2), (3.3), (3.4) et (3.8)

Equation	a	b	c
(3.2)	9,303(2)	3,817(1)	13,346(3)
(3.3)	9,298(3)	3,815(2)	13,345(4)
(3.4)	9,302(4)	3,816(3)	13,349(2)
(3.8)	**9,300(3)**	**3,816(1)**	**13,348(4)**

Ceci signifie qu'aux erreurs de manipulation près les trois différentes méthodes de synthèse conduisent aux mêmes produits, l'indium (III) ortho trithio-antimonite [In (α-SbS₃)]. Une analyse par microsonde électronique a permis de confirmer la composition chimique de ce ternaire (Laminsi et al, 1992, 2003). Les études sur le composé [In(SbS₂)₂]₂ en cours feront l'objet d'une prochaine publication

III.2.2 - Etude cristallographique
III.2.2.1 - Conditions expérimentales

Un monocristal noir de forme prismatique plate et de dimensions 0,08 x 0,15 x0,5 mm³, a été monté sur une très fine baguette de verre. Les mesures ont été faites à 297°K à l'aide d'un diffractomètre à quatre cercles de type STOE Stadi 4, utilisant la radiation Kα de molybdène et de longueur d'onde λ = 0,71069 Å. Le monochromateur est en graphite. le double angle de réflexion maximum est $2\theta_{max}$ = 75°. 1390 réflexions uniques ont été mesurées, les conditions d'extinction étant Fo < 2σ(Fo). Le mode de rotation de l'écran valait $2\theta/\omega$ = 1/1 et le coefficient d'absorption μ était égal à 116 cm^{-1}. la structure a été déterminée à l'aide du programme SHELXS (Sheldrick et.SHELXTL, 1985)

III.2.2.2 – Résultats

L'alpha indium (III) ortho trithio-antimonite (α-InS₃Sb) est isomorphe de α-InSe₃Sb (Guliev et al., 1986), et cristallise dans le système orthorhombique de groupe spatial Pnma, correspondant au n° 62 de la table internationale de cristallographie. Ses paramètres de maille sont a = 9,300 (3) Å ; b =3,816 (1) Å ; c =13,348 (4) Å, V = 473,7Å³ et Z = 4.

III.2.2.3 - Affinement de structure

La structure connue de α-InSbSe$_3$ a été affinée avec les trois différents sites de sélénium occupés par les atomes de soufre; ceux d'indium (In) et d'antimoine (Sb) ont été distingués sans ambiguïté par les résultats des calculs des moindres carrés et par la coordination dans la structure. 32 structures ont ainsi été affinées et un indice d'accord R = 0,025 a été obtenu (Laminsi et al, 1992, 2003).

III.2.2.4 - Description de la structure.

L'image du réseau cristallin de In(α-S$_3$Sb) produite par l'ensemble diffractometrique STOE Sladi 4 est représentée sur la figure 3.

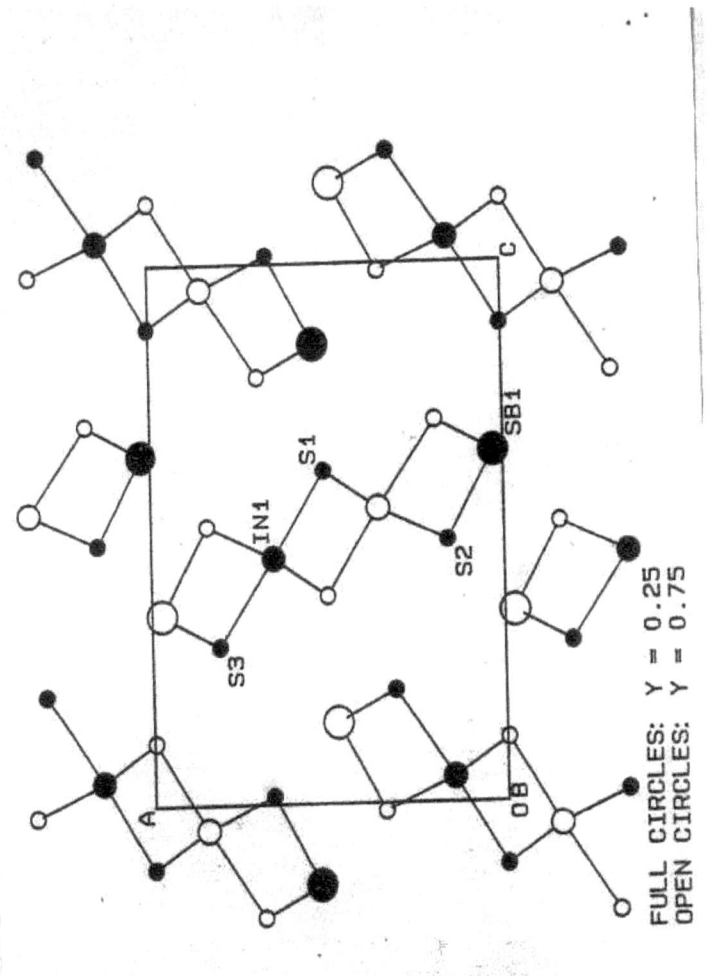

Figure 3: Image du réseau cristallin de In(α- S3Sb) (Laminsi et al.,1992).

Les paramètres atomiques sont donnés dans le tableau III.II, il en ressort que chaque type de site est pratiquement occupé à 50%.

Tableau III.II : Paramètres atomiques de α-InS_3Sb

Atomes	x(Å)	y(Å)	z(Å)	Uiso/U11	U22	U33	*U12*	U13	*U23*
In_1	0,65000(3)	0,25	0,45448(2)	0,0143(1)	0,0111(1)	0,0189(1)	0,0	0,00288(1)	0,0
Sb_1	0,02773(3)	0,25	0,64894(2)	0,0163(1)	0,0113(1)	0,0241(1)	0,0	0,0044(1)	0,0
S_1	0,5036(1)	0,25	0,61642(7)	0,0160(4)	0,0115(4)	0,0132(4)	0,0	0,0009(3)	0,0
S_2	0,1589(1)	0,25	0,48494(8)	0,0148(4)	0,0137(4)	0,0164(4)	0,0	0,0000(3)	0,0
S_3	0,8092(1)	0,25	0,29201(8)	0,0183(5)	0,0117(4)	0,0158(4)	0,0	0,0022(3)	0,0

Les distances inter-atomiques ont été calculées à l'aide d'un logiciel Fortran en double précision à partir du tableau III.II et les résultats obtenus sont consignés dans le tableau III.III

Tableau III.III: Distances inter-atomiques de In (α-$SbS3$)

Triangles	Distances (Å)	Triangles	Distances (Å)
(In, Sb, S_1)	In-Sb = 7,611(3) Sb-S_1 = 5,574 (1) S_1-In = 2,534 (1)	(In, S_2, S_3)	In-S_2 =5,750(3) S_2- S_3=7,919(1) S_3-In =2,641(1)
(In, Sb, S_2)	In-Sb = 7,611(3) Sb-S_2 = 2,436 (1) S_2-In = 5, 750 (3)	(Sb, S_1, S_2)	Sb- S_1= 5,574(1) S_1-S_2 = 4,305(4) Sb-S_2 = 2,436(1)
(In, Sb, S_3)	In-Sb = 7,611(3) Sb- S_3 =10,019(2) S_3-In = 2,641(5)	(Sb, S_1, S_3)	Sb- S_1 = 5,574(1) S_1- S_3 = 5,174(1) Sb- S_3 = 10. 019(2)
(In, S_1, S_2)	In- S_1 = 2,534(1) S_1-S_2 = 4,305(4) S_2-In = 5,750(3)	(Sb, S_2, S_3)	Sb-S_2 = 2,436(1) S_2- S_3 = 7,919(1) Sb- S_3 = 10,019(2)
(In, S_1, S_3)	In- S_1 = 2,534(1) S_1- S_3 = 5,174(1) In- S_3 = 2,641(1)	(S_1, S_2, S_3)	S_1-S_2 = 4,305(4) S_2-S_3 = 7,919(1) S_1-S_3 = 5,174(1)

Contribution à l'étude du système In_2S_3-Sb_2S_3

Il en ressort que ces distances inter-atomiques varient de 2,436(1) à 10,019(2) Å. La plus petite distance inter-atomique 2,436(1) Å se trouve entre les atomes les plus proches l'un de l'autre Sb et S_2, alors que la plus grande 10,019(2) Å est entre Sb et S_3, qui sont ceux les plus éloignés l'un de l'autre, comme l'indique la figure 3.

De même les angles de liaison ont été également calculés à l'aide du même logiciel Fortran en double précision à partir du tableau III.II et les résultats obtenus sont consignés dans le tableau III.IV.

Tableau III.IV: Angles de liaisons de In (α-SbS3)

Triangles	Angles (°)	Triangles	Angles (°)
(In, Sb, S_1)	In-Sb- S_1 = 13,288(4)	(In, S_2, S_3)	In-S_2- S_3 = 12,823(5)
	Sb- S_1-In = 136,336(2)		S_2- S_3-In = 28,892(3)
	S_1-In-Sb = 30,376 (4)		S_3-In-S_2 =138,265(2)
(In ,Sb, S_2)	In-Sb-S_2 = 33, 844(5)	(Sb, S_1, S_2)	Sb- S_1-S_2 = 24,499(4)
	Sb-S_2-In = 132,512(9)		Sb-S_2- S_1 = 108,370(2)
	S_2-In-Sb = 13,644(7)		S2-Sb- S_1 = 47,132(2)
(In, Sb, S_3)	In-Sb- S_3 = 7,127(8)	(Sb, S_1, S_3)	Sb- S_1- S_3 = 137,512(1)
	Sb- S_3-In = 20,945(5)		S_1- S_3-Sb = 22,073(2)
	S_3-In-Sb = 151,929(3)		S_3-Sb- S_1 = 20,415(2)
(In, S_1, S_2)	In- S_1-S_2 = 111,838(3)	(Sb, S_2, S_3)	Sb- S_2- S_3 = 145,336(2)
	S_1-S_2-In = 24,143(7)		S_2- S_3-Sb = 7,947(4)
	S_2-In- S_1 = 44,020(5)		S_3-Sb- S_2 = 26,717(3)
(In, S_1, S_3)	In- S_1- S_3 = 1,180(6)	(S_1, S_2, S_3)	S_1-S_2-S_3 = 36,966(3)
	S_1- S_3-In = 1,130(5)		S_1-S_3-S_2 = 30,020(2)
	S_3-In- S_1 = 177,70(2)		S_2- S_1-S_3= 113,014(1)

Il en ressort que les angles de liaisons varient de 1,130(5) à 177,70(2)° ; force est de constater que le plus petit angle [1,130(5)°] est S_1-S_3-In alors que le plus grand [177,70(2)°] est S_3-In-S_1. La valeur 1,130(5)° du plus petit angles de liaisons est normale car les atomes concernés S_1, S_3 et In sont presque alignés (figure3).

III.3 - CONTRIBUTION A L'ETUDE DE L'ANTIMOINE (III) DI-IODOSULFURE:($Sb_2S_2I_2$)

Une tentative d'obtention de monocristaux de l'alpha indium (III) ortho trithio-antimonite $In(\alpha\text{-}S_3Sb)$ suivant l'équation (3.1) et en présence de l'iode que nous avons voulu utiliser comme agent chimique de transport nous a plutôt conduit aux monocristaux de béta indium (III) sulfure ($\beta\text{-}In_2S_3$) et l'antimoine (III) di-iodosulfure ($Sb_2S_2I_2$).

Il ressort des recherches bibliographiques que nous avons pu faire que depuis les travaux de Kikuchi et ses collaborateurs (Kikuchi et al, 1967), aucune autre investigation n'a été faite sur cet antimoine (III) sulfure substitué décrit par les auteurs comme un simple composé ternaire de formule curieuse SbSI. Ceci nous a amenés à entreprendre des recherches sur ledit composé, notamment dans la direction de la mise au point des nouvelles méthodes de synthèse du ternaire $Sb_2S_2I_2$, ainsi qu'une étude plus précise et plus détaillée de sa structure cristallographique.

III.3.1– Synthèse

Le produit de cette réaction secondaire ci-dessus mentionnée, SbSI, est considéré comme un composé de substitution de deux atomes d'iode à un atome de soufre sur l'antimoine (III) sulfure Sb_2S_3. Nous pouvons donc l'écrire $Sb_2S_2I_2$ (antimoine (III) di-iodosulfure). S'il en est ainsi ce produit devrait se fabriquer par action de l'iode sur l'antimoine (III) sulfure (Sb_2S_3). Il devrait se dégager également l'iodure de soufre SI_2.

Cet essai a été fait en tube de quartz scellé sous vide sur le mélange stœchiométrique ci-dessous (équation 3.9). Le chauffage se fait à 600°C pendant 72 h, suivi d'un refroidissement dans le four jusqu'à la température ambiante.

$$Sb_2S_3 + 2I_2 \rightarrow Sb_2S_2I_2 + SI_2 \qquad (3.9)$$

Le produit de synthèse confirme notre hypothèse car nous obtenons un mélange de longues aiguilles enchevêtrées brillantes et marron ($Sb_2S_2I_2$) avec une phase rouge orange (SI_2). Les longues aiguilles sont identiques à celles obtenues par la réaction secondaire décrite plus haut.

Le même produit $Sb_2S_2I_2$, peut être obtenu à partir des éléments constitutifs, dans les mêmes conditions expérimentales.

Nous avons ainsi mis au point, au cours du présent travail, deux nouvelles méthodes de préparation de l'antimoine (III) di-iodosulfure ($Sb_2S_2I_2$). Car ce ternaire était jusqu'ici obtenu à partir d'un mélange de l'antimoine (III) sulfure et iodure (Sb_2S_3 et SbI_3 respectivement) dans le rapport Sb_2S_3 : SbI_3 = 4 : 1, Scellé sous vide dans un tube de pyrex, et chauffé dans un gradient de température de 400 à 350° C pendant quelques jours (Kikuchi et al, 1967).

Les halogénures de soufre sont des composés très sensibles à l'eau. Ils s'hydrolysent instantanément en libérant le soufre et l'hydracide correspondant selon les équations générales ci-dessous.

$$S_2X_2 + H_2O \rightarrow 2S + HX + XOH \quad (3.10)$$

$$XOH \rightarrow HX + 1/2\, O_2 \quad (3.11)$$

$$S_2X_2 + H_2O \rightarrow 2S + 2\,HX + 1/2 O_2 \quad (3.12)$$

X = hologènes

III.3.2-Caractérisation

La structure cristallographique du ternaire $Sb_2S_2I_2$ a été caractérisée pour la première fois en 1967 par Kikuchi et ses collaborateurs; il cristallise dans le système orthorhombique, de groupe spatial Pnma pour la phase para électrique à 35°C, et $Pna2_1$ pour la phase ferroélectrique à 5°. Ses paramètres de mailles sont a = 8,5(2) Å ; b = 4,1(0)Å ; c = 10,1(3) Å et V = 352 Å^3, Z = 4, d = 5,27 avec R = 0,15 (Kikuchi et al, 1967).

Le spectre de poudre et le diffractogramme du produit obtenu au cours du présent travail sont, aux erreurs de manipulation près, superposables à ceux données dans la littérature tableau (III.IV).

Tableau III.V : paramètres de maille de $Sb_2S_2I_2$

Paramètres de maille(Å)	Présent travail	Kakuchi et al,1967
a	8,527(6)	8,5(2)
b	4,092(2)	4,1(0)
c	10,145(8)	10,1(3)

III.3.3 - Etude cristallographique
III.3.3.1 - Conditions expérimentales

Un monocristal rouge de forme prismatique a été monté sur une très fine baguette de verre. Les mesures ont été faites à l'aide d'un diffractomètre de rayons X à quatre cercles de type STOE Stadi 4 utilisant la radiation Kα du molybdène de longueur d'onde λ = 0,71069 Å. Le monochromateur est en graphite et le double angle maximum de réflexion est 2θmax = 60°. 933 réflexions dont 588 indépendantes de la symétrie ont été mesurées. 576 réflexions dont F> 2σ(F) ont été utilisées pour les calculs, et le coefficient d'absorption valait μ = 16,8 mm^{-1}

III.3.3.2 – Résultats

L'antimoine (III) di-iodosulfure $Sb_2S_2I_2$ cristallise dans le système orthorhombique de groupe spatial Pnma. Les paramètres de la maille sont a=8,527 (6) Å ; b=4,092 (2)Å ; c=10,145 (8)Å et V=354,0Å^3 (Laminsi et al, 2004).

III.3.3.3 - Affinement de la structure

Chaque affinement s'est fait avec une occupation atomique différente (par exemple In au lieu de Sb, etc) et a conduit à des valeurs de la précision R significativement plus mauvaises.

La détermination de la structure à l'aide du programme SHELXS 86 a conduit à la coïncidence entre la structure ainsi recherchée et celle de $Sb_2S_2I_2$, phase para électrique de haute température, avec la précision R = 0,0269, celle attendue étant Rw = 0,028. Cette précision qui est de l'ordre de 2,69 % est nettement meilleurs que celle de 15 % publiée antérieurement (Kikuchi et al, 1967)

III.3.3.4 - Description de la structure

Les paramètres structuraux sont donnés dans le tableau III.VI. Tous les atomes sont sur le plan H (c) : x, 1/4, z

Tableau III.VI: Paramètres structuraux de $Sb_2S_2I_2$

	X(Å)	Y(Å)	Z(Å)	V11	V22	V33	V13
Sb	0,1198 (1)	0,250	0,1299 (1)	0,0174 (4)	0,0338 (4)	0,0217 (3)	0,0092 (2)
S	0,3456 (3)	0,250	0,4531 (2)	0,0145 (11)	0,0202(11)	0,01660(8)	0,0009 (8)
I	0,0085 (1)	0,250	0,6718 (1)	0, 0228 (4)	0,0202 (3)	0,0169 (3)	0,0031 (2)

A partir du tableau **III.VI** des paramètres structuraux ci-dessus, les distances inter-atomiques et angles des liaisons ont été calculés (Tableau III.VII)

Tableau III.VII: Distances inter-atomiques et angles des liaisons de $Sb_2S_2I_2$

Distance (Å)	Angle (°)
Sb-S = 4,574 (4)	Sb-S-I = 87,405 (1)
Sb-I = 6,393 (1)	Sb-I-S = 45,616 (1)
S-I = 4,679 (4)	I-Sb-S = 46,979 (2)

Il ressort du tableau III.VII que les distances varient entre 4,574 (4) et 6,393 (1). La plus courte distance inter-atomique (4,574(5)Å) de la structure se trouve entre les atomes Sb et S alors que la plus longue 6,393(1)Å est entre I et Sb. De même S-I-Sb = 45,616(1)° est le plus petit angle de la structure alors que Sb-S-I = 87,405(1)° en est le plus grand.

Conclusion

Les auteurs ont décrit le ternaire SbSI sans affiliation chimique. Nous avons démontré par plusieurs méthodes de synthèse et quelques propriétés chimiques que ce curieux ternaire est un composé de **substitution d'un atome de soufre par deux atomes d'iode dans l'antimoine (III) sulfure Sb_2S_3**. Sa formule réelle selon cette filiation est $Sb_2S_2I_2$. C'est donc **l'antimoine (III) di-iodosulfure.**

En plus de cette caractérisation de l'affiliation chimique les données cristallographiques ont été confirmées et améliorées.

III.4 – CONTRIBUTION A L'ETUDE DE BETA INDIUM (III) SULFURE (β-In$_2$S$_3$)

Le binaire qui nous intéresse dans ce système est l'indium (III) sulfure In$_2$S$_3$. Ce dernier a fait l'objet de nombreux travaux où deux formes en sont décrites (Stöwe et Philipp, 1994) : La forme de basse température (α-In$_2$S$_3$) est cubique faces centrées de type blende avec a = 5,3774 Å et la forme de haute température (β-In$_2$S$_3$), avec a = 10,74Å.

Au cours du présent travail les monocristaux de (β-In$_2$S$_3$) se sont formés lors de la tentative d'obtention de l'alpha indium (III) ortho thio-antimonite α- InS$_3$Sb en présence de l'iode que nous avons voulu utiliser comme agent chimique de transport, et l'étude de la structure cristallographique a été reprise pour être actualisée à l'aide d'un diffractomètre des rayons X à quatre cercles. Cette structure n'existait pas encore lors des précédentes investigations.

III.4.1 – Synthèse

Au cours du présent travail le béta indium (III) sulfure (β- In$_2$S$_3$) est obtenu en tube de quartz scellé sous vide (10^{-6}mm de Hg) par chauffage à 600°C de l'indium dans un excès de soufre, qui est ensuite éliminé par distillation (Thiel, 1928).

Le refroidissement s'est fait lentement dans le four jusqu'à la température ambiante. Ce qui a permis la formation des monocristaux isolés et utilisés au cours de l'étude cristallographique.

III.4.2 – Caractérisation

Au cours du présent travail, l'étude de la structure de In$_2$S$_3$ sur monocristal à l'aide du diffractomètre à quatre cercles (type STOE Stadi 4) montre que ce dernier composé cristallise dans le système cubique à faces centrées type spinelle groupe d'espace Fd3m avec a = 10,793 (2) Å, V = 1257,3Å^3, la précision est R = 0,0208, celle pondérée étant Rw = 0,0170.

Ces résultats confirment ceux de Likforman et al, 1979 tout en étant beaucoup plus précis comme l'indique le tableau III.VIII.

Tableau (III.VIII) : paramètres de maille (β-In$_2$S$_3$)

Paramètre (Å)	(Likforman et al, 1979)	Stöwe et Philipp, 1994	**Présent travail**
a	10,780	10,74	10,793 (2)

III.4.3 - Etude cristallographique
III.4.3.1 - Conditions expérimentales

Un monocristal se présentant sous forme d'un très petit octaèdre rouge-sombre, dont l'arrête mesure environ 0,1 mm, a été monté sur une très fine baguette de verre. Les mesures ont été faites à l'aide d'un diffractomètre à quatre cercles décrit plus haut. Le double angle de réflexion maximum est $2\theta_{max} = 60°$. 1921 réflexions ont ainsi été mesurées, 114 réflexions indépendantes de la symétrie ont été utilisées pour les calculs; et le coefficient d'absorption était μ égal à 10,7 mm^{-1}

III.4.3.2 - Résultats

Le béta indium (III) sulfure (β-In$_2$S$_3$) cristallise dans le système cubique de groupe spatial Fd3m, avec comme paramètre de maille a = 10,793 (2) Å. Il s'agit d'une structure spinelle qui a été déjà constatée (Hann et Klinglor, 1949) et dont la structure cristallographique a été également déjà faite avec l'indice d'accord R=0,156 (Steigman et al, 1965)

III.4.3.3 - Affinement de la structure

L'occupation totale des positions 16 (d) et celle partielle des position 8 (a) a été déduite par calculs de moindres carrés où le nombre d'occupations était libre de varier, à condition qu'un nombre total de 21 x1/3 In se trouve dans la maille (32x2/3). Une suprastructure comportant une plus grande maille a été éventuellement affinée.

La structure a été ainsi affinée avec la précision R= 0,0208, celle pondérée étant Rw = 0,0170. Cette précision de 2,08 % est nettement meilleure que celle de l'ordre 15,6 % publiée antérieurement (steigman et al, 1965).

III.3.3.4 - Description de la structure

Les différents atomes de la structure sont répartis dans les sites comme suit :

- Les sites 32 (e), x = 0,2570 (1) sont occupés par 32 atomes de soufre; 16 atomes d'indium se trouvent dans les sites 16 (d), 5 x 1/3 atomes d'indium occupent les sites 8 (a). Ceci peut être résumé dans le tableau III.IX ci- dessous:

Tableau III.IX: Répartition des atomes dans les différents sites de β-In_2S_3.

Atomes	Sites
32 S	32(e)
16 In	16(d)
$5\frac{1}{3}$ In	8(a)

CONCLUSION

Dans nos conditions expérimentales l'alpha indium (III) ortho trithio-antimonite α- InS_3Sb peut être considéré comme la phase la plus stable du système In-S-Sb, puisqu'il apparaît par dissociation du principal composé attendu, le dimère du chalcogénure ternaire d'indium et d'antimoine [$(SbS_2)_2In$]$_2$, où il y a apparition du di-indium $\rangle$ In - In $\langle$ homologue de l'ion dimercure -Hg-Hg-. Ce dernier composé, objet principal de nos essais est en cours d'étude.

Malgré sa stabilité préférentielle la synthèse de l'indium (III) ortho trithio-antimonite est dévié par la présence de l'iode pour donner le β indium (III) sulfure, forme de haute température, et l'antimoine (III) di-iodosulfure:

$2InS + 2\ Sb_2S_3 + S \rightarrow [(SbS_2)_2In]_2 + S$ (3.13)

$[(SbS_2)_2In]_2 + S \rightarrow 2\ \beta\text{-}InS_3Sb + Sb_2S_3$ (3.14)

$In_2S_3 + Sb_2S_3 \rightarrow 2\ \beta\text{-}InS_3Sb$ (3.15)

$In_2S_3 + Sb_2S_3 + nI_2 \rightarrow \beta\text{-}In_2S_3 + Sb_2S_2I_2 + SI_2 + n"I_2$ (3.16)

L'actualisation des paramètres de maille de la forme de basses températures (α-In_2S_3) est en cours et fera l'objet d'une prochaine publication.

CHAPITRE IV
CONTRIBUTION A L'ETUDE DU SYSTEME Sb_2S_3 - Sb_2Se_3

IV.1 - INTRODUCTION

Dans le cadre de la contribution à l'étude du système Sb_2S_23-Sb_2Se_3, le présent chapitre est axé sur la préparation et l'étude détaillée de la structure cristallographique des monocristaux d'un composé bien identifié dans le domaine d'homogénéité décrit selon Peter et werner (Peter et werner,1972; abrikosov et Ivlieva ,1968).

Dans le but de réétudier la substitution progressive entre les atomes de soufre et de sélénium dans les antimoines (III) chalcogénures mixtes, nous avons obtenu un composé bien cristallisé que nous croyions être Sb_2Se_2S attendu. Ce sont les travaux cristallographiques affinés qui nous ont imposé la formule $Sb_2Se_{2,1}S_{0,9}$. Ce composé qui se forme préférentiellement à Sb_2Se_2S prévu dans le mélange stœchiométrique initial s'est expérimentalement révélé à nous et nous avons procédé à sa synthèse dans les proportions indiquées par les travaux cristallographiques.

Ainsi, la synthèse et l'étude cristallographique de l'antimoine (III) séléniosulfure $Sb_2Se_{2,1}S_{0,9}$, forme bien cristallisée nous a paru d'un très grand intérêt fondamental et pratique car le possible positionnement spatial des atomes éclaire mieux les propriétés tant exploitées des antimoines (III) chalcogénures mixtes et autorisent d'autres prévisions.

IV.2 – ETUDE DE L'ANTIMOINE (III) SULFURE CRISTALLISE (Sb_2S_3)

Les produits initiaux sont ceux de Serlabo, de très haute pureté, il s'agit de : l'antimoine 99,99% et le soufre bis sublimé 99,999%. Ils vont permette la synthèse de l'antimoine (III) sulfure cristallisé (Sb_2S_3) dans le système binaire Sb-S.

IV.2.1 - Synthèse

Dans le présent travail, nous avons obtenu de l'antimoine (III) sulfure par une méthode analogue à celle de West et Jones (1951).

En effet, l'antimoine (III) sulfure bien cristallisé a été obtenu en chauffant en tube de quartz scellé sous vide (10^{-6} mm Hg) à 800°C pendant 48 heures un mélange stœchiométrique d'antimoine métallique et de soufre. La température est montée par paliers de 50°C entre 300 et 800°C, afin d'éviter l'explosion due à une surpression de la vapeur de soufre.

Après un refroidissement lent dans le four, nous avons obtenu l'antimoine (III) sulfure bien cristallisé.

L'équation de la réaction est la suivante :

$$2Sb + 3S \rightarrow Sb_2S_3 \qquad (2.1)$$

IV.2.2 – Caractérisation

L'antimoine (III) sulfure obtenu dans le présent travail a été caractérisé à l'aide d'un diffractomètre à transmission rapide STOE pour poudre assisté par un ordinateur utilisant un programme SHELXS86.

Il ressort de cette étude que le binaire Sb_2S_3 cristallise dans le système orthorhombique (Pnma) de paramètres de maille a = 11,1952(5) ; b = 11,2793(5) et c = 3,8274(2)Å. Ces résultats sont en accord avec ceux que nous avons pu relever dans les travaux antérieurs, comme l'indique le tableau IV.I ci-dessous.

Tableau IV.I: Paramètres de maille de Sb_2S_3

Paramètres de maille (Å)	Présent travail	Peter et Werner (1972)	Scavnicar (1960)	Hofmann (1933)
a	11,1952(5)	11,2285(5)	11,25(2)	11,20
b	11,2793(5)	11,3107(9)	11,33(2)	11,28
c	3,8274(2)	3,8363(4)	3,84(1)	3,83

IV.3- ETUDE DE L'ANTIMOINE (III) SELENIURE (Sb_2Se_3)

Les produits initiaux sont ceux de Serlabo, de très haute pureté, il s'agit de : l'antimoine 99,99% et le sélénium 99,99% en granulé. Ils vont permettre la synthèse de l'antimoine (III) séléniure (Sb_2Se_3) dans le système Sb-Se.

IV.3.1 – Synthèse

Dans le présent travail, l'antimoine (III) séléniure Sb_2Se_3 utilisé est obtenu par chauffage à 800°C en tube de quartz scellé sous vide (10^{-6} mm de Hg) d'un mélange stœchiométrique d'antimoine métallique et du sélénium dans le rapport Sb:S=2 :3 (Berzelus, 1818 ; Hofacker, 1858). Le chauffage qui a duré 48 heures a été suivi d'un refroidissement lent dans le four à moufle jusqu'à la température ambiante pour obtenir une poudre grise bien cristallisée. L'équation de la réaction se présente comme suit :

$$2Sb + 3Se \rightarrow Sb_2Se_3 \qquad (2.2)$$

IV.3.2 – Caractérisation

L'antimoine (III) séléniure (Sb_2Se_3) est un composé isostructural de l'antimoine (III) sulfure, Sb_2S_3 (Hofmann, 1933).

Les échantillons de l'antimoine (III) séléniure obtenus dans le présent travail ont été caractérisés à l'aide du même diffractomètre à transmission rapide STOE pour poudre assisté par un ordinateur utilisant un programme SHELXS86 ci-dessus mentionné dans le cas de l'antimoine (III) sulfure.

Il en ressort que le binaire Sb_2Se_3 cristallise également dans le système orthorhombique, pnma, avec comme paramètres de maille a = 11,6241(4) Å; b = 11,7514(7) Å; et c = 3,9718(2) Å. Ces résultats sont en accord avec ceux que nous avons trouvés dans les travaux antérieurs que nous avons pu consulter, comme l'indique le tableau IV.II ci-dessous.

Tableau IV.II : Paramètres de maille de Sb_2Se_3

Paramètres de maille(Å)	Présent travail (Laminsi et al,1999)	N.W. Tiedeswell et al., (1957)	Donges, (1950)
a	11,6237(4)	11,62(1)	11,58
b	11,7514(7)	11,77(1)	11,68
c	3,9718(2)	3,962(7)	3,98

IV.4 – CONTRIBUTION A L'ETUDE DE L'ANTIMOINE (III) SELENIOSULFURE ($Sb_2Se_{2,1}S_{0,9}$)

Les produits initiaux sont soit les éléments constitutifs puricimes que sont l'antimoine 99,99%, le soufre bis sublimé 99,999% et le sélénium 99,99% (Serlabo), soit les chalcogénures binaires que sont l'antimoine (III) sulfure cristallisé (Sb_2S_3) et l'antimoine (III) séléniure (Sb_2Se_3).

IV.4.1 – Synthèse

Après la mise au point sur les travaux antérieurs, force est de constater qu'aucun ternaire du système Sb_2S_3 - Sb_2Se_3 n'a été isolé à l'état de monocristaux, et encore moins sa structure cristallographique étudiée de manière détaillée. C'est à cette situation que nous avons tenté de remédier dans le présent travail, en préparant les monocristaux du ternaire de formule Sb_2Se_2S, et en faisant une étude détaillée de sa structure cristalline. Cette hypothèse de travail ne s'est pas confirmée expérimentalement et il s'est formé préférentiellement le ternaire de formule $Sb_2Se_{2,1}S_{0,9}$, malgré les quantité stœchiométrique des réactifs pour obtenir la formule Sb_2S_2Se, visée plus haut (Laminsi et al, 2001).

Nous avons mis au point deux méthodes de synthèse du chalcogénure mixte d'antimoine $Sb_2Se_{2,1}S_{0,9}$ à l'état de monocristaux.

Ce ternaire se synthétise à partir des éléments mélangés en proportion stœchiométrique, en tube de quartz scellé sous un vide de 10^{-6} mm de mercure ; ce dernier est ensuite chauffé par palier de 50°C entre 300 et 800°C, afin d'éviter l'explosion due à une surpression du soufre et du sélénium dans le tube. Après 48 heures de cuisson à cette température, l'échantillon est soumis à un refroidissement lent dans le four jusqu'à 450°C où intervient un recuit pendant 30 jours, suivi à nouveau d'un refroidissement lent dans le four jusqu'à la température ambiante.

$$2Sb + 0,9S + 2,1Se \rightarrow Sb_2Se_{2,1}S_{0,9} \qquad (2.3)$$

Il en ressort de beaux monocristaux parallélépipédiques en forme d'aiguilles qui ont été ensuite utilisés dans l'étude de la cristallographie.

Le chalcogénure mixte $Sb_2Se_{2,1}S_{0,9}$ a été également obtenu à partir des antimoines (III) sulfure et séléniure mélangés intimement en proportion stœchiométrique, dans un tube de quartz scellé sous un vide d'environ 10^{-6} mm de mercure. Le traitement thermique est pratiquement le même que celui décrit dans la première méthode de synthèse de ce même produit, avec la seule différence que le chauffage ne se fait pas par paliers de température, étant donné qu'il n'y a aucun risque d'explosion.

$$0,3\ Sb_2S_3 + 0,7\ Sb_2Se_3 \quad \rightarrow \quad Sb_2Se_{2,1}S_{0,9} \quad\quad (2.4)$$

IV.4.2 - Etude cristallographique

Les monocristaux ont été synthétisés au Laboratoire de Chimie Minérale du Département de Chimie Inorganique à la Faculté des Sciences de l'Université de Yaoundé I au Cameroun. L'étude de la structure cristallographique à proprement parler a été faite au Laboratoire d'Etude de Structure du Département des Sciences de Matériaux de l'Institut Technique de Darmstadt en Allemagne.

IV.4.2.1 - Conditions expérimentales

Un monocristal de couleur grise métallique, et de forme parallélépipédique mesurant $0,05 \times 0,07 \times 0,9\ mm^3$ a été monté sur une très fine baguette de verre. Les mesures ont été faites à $302°K$ à l'aide d'un diffractomètre à quatre cercles de type STOE Stadi 4, utilisant la radiation $K\alpha$ du molybdène de longueur d'onde $\lambda = 0,71069$ Å. Le monochromateur est en graphite. Le double angle de réflexion 2θ a varié entre 3 et 60°. De même les indices de Miller ont été limités de la manière suivante : $-16 \leq h \leq 16$, $0 \leq k \leq 5$ et $-16 \leq l \leq 11$. 3152 réflexions dont 881 uniques ont été mesurées, 26 dont une éteinte n'ont pas été observées, les conditions d'extinction étant $F_0 < 2\sigma(F)_0$. Le coefficient d'absorption est $\mu = 247\ cm^{-1}$. Le taux de compacité est Rint = 0.049.

IV.4.2.2 – Résultats

L'antimoine (III) séléniosulfure $Sb_2Se_{2,1}S_{0,9}$ est isomorphe des antimoines (III) sulfure et séléniure (Sb_2S_3 et Sb_2Se_3) comme l'indiquent les figures 4.4 et 4.5 où une étude comparative des diffractogrammes des trois composés peut être faite. Il cristallise dans le système orthorhombique de groupe spatial Pnma, correspondant au numéro 62 de la table internationale de cristallographie. Ses paramètres de maille sont : a = 11,687(3) Å; b = 3,938(1) Å et c = 11,540(1) Å. Le volume de la maille élémentaire est égal à 531,1 Å^3, et la masse molaire est de 438,17 g. Il y a quatre formules moléculaires dans chaque maille élémentaire et la densité calculée du ternaire est égale à dc = 5,47 et celle mesurée est dm = 5,48.

IV.4.2.3 - Affinement de structure

La structure connue de Sb_2Se_3 a été raffinée avec les trois différents sites de sélénium, occupés par un mélange de sélénium et de soufre. Le rapport Se : S à chaque site a été ajusté par la méthode de calcul de moindres carrés. Ceci a abouti à des rapports légèrement différents pour les différents sites. En prenant toutes les positions en considération, un rapport moyen d'environ 0,7 : 0,3 a été obtenu avec un indice d'accord R = 0,0216, sa valeur pondérée étant Rw = 0,0167, soit une différence de 0,49% inférieure 1% recommandé. 36 paramètres ont ainsi été raffinés.

IV.4.2.4 - Description de la structure
IV.4.2.4 .1 - Image du réseau cristallin de $Sb_2Se_{2,1}S_{0,9}$ et sites atomiques

L'image du réseau cristallin de $Sb_2Se_{2,1}S_{0,9}$ produite par l'ensemble diffractométrique STOE Standi 4 est représentée sur la figure 4.1 (Laminsi et al,1999).

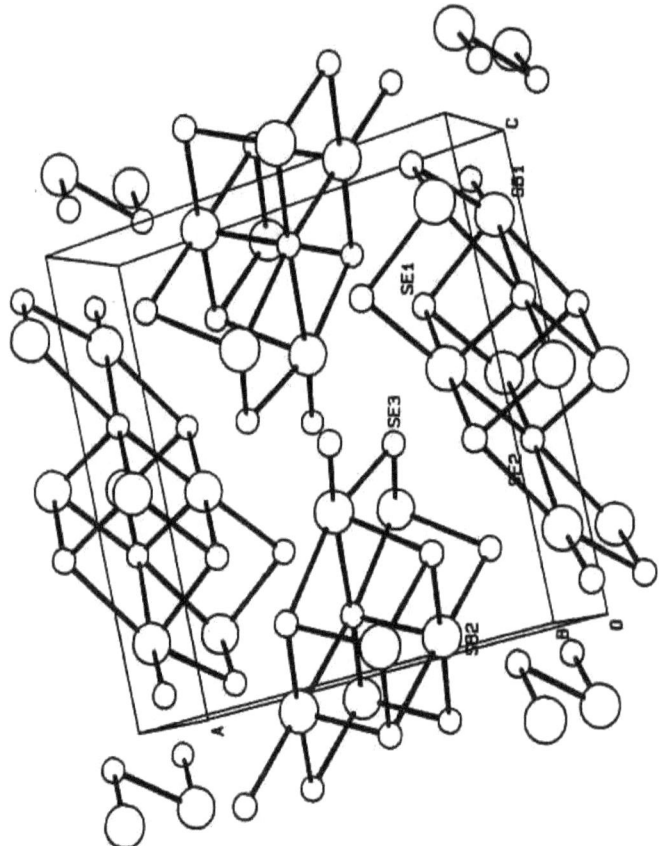

Figure 4.1: Image du réseau cristallin de $Sb_2Se_{2,1}S_{0,9}$

Pour mieux comprendre cette structure, il est plus intéressant de prendre en considération une représentation où seuls les atomes distants de moins de 2,8 Å sont reliés par des traits comme l'indique la figure 4.2 (Laminsi et al,1999).

Il en ressort qu'il existe deux types de site d'antimoine occupés par Sb_1 et Sb_2 à un taux de 50% chacun. Trois types de site [(Se_1, S_1), (Se_2, S_2) et (Se_3, S_3)] sont occupés par un mélange sélénium et de soufre. Ils le sont respectivement à 37,72(2)%, 31,56(2)% et 37,12(2)% par le sélénium, et à 12,28(2)%, 18,44(2)% et 12,88(2)% par le soufre.

Force est de constater que tous les sites sont pratiquement occupés à 50% ; le sélénium préfère se placer prioritairement dans les sites (Se_1, S_1) alors que le soufre montre plus d'affinité pour les sites (Se_2, S_2).

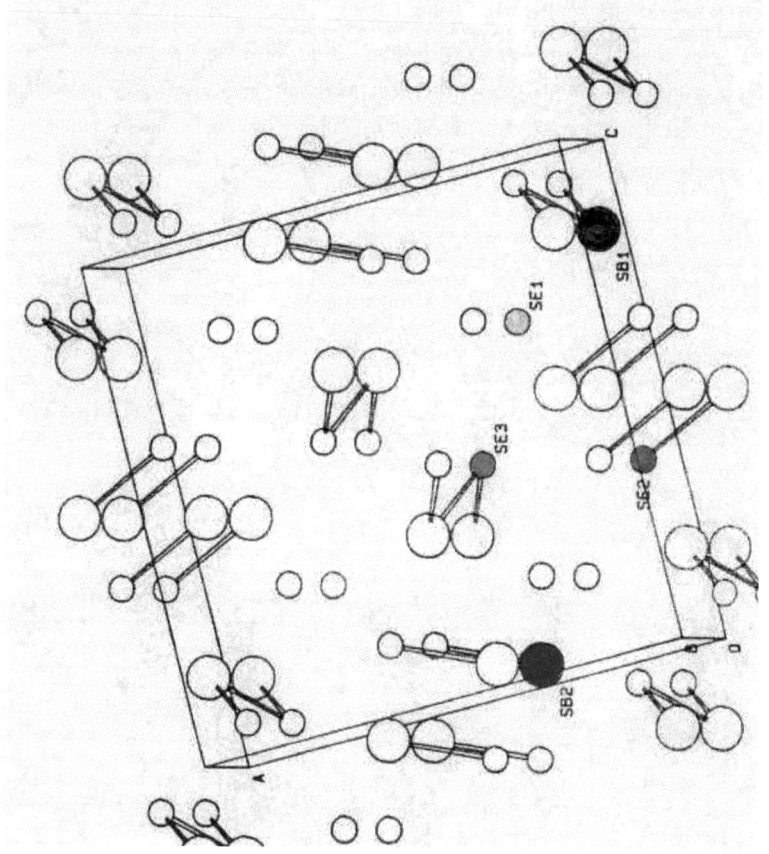

Figure 4.2: Sites atomiques dans le réseau cristallin de $Sb_2Se_{2,1}S_{0,9}$ (Laminsi et al,1999)

Lorsque tous les atomes distants de moins de 3 Å sont reliés entre eux (Figure 4.3), il en ressort que tous les atomes se trouvent dans des hétérocycles hexagonaux de forme chaise ou bateau, contenant chacun 3 atomes de chalcogène (Se, S) et 3 atomes d'antimoine (Sb).

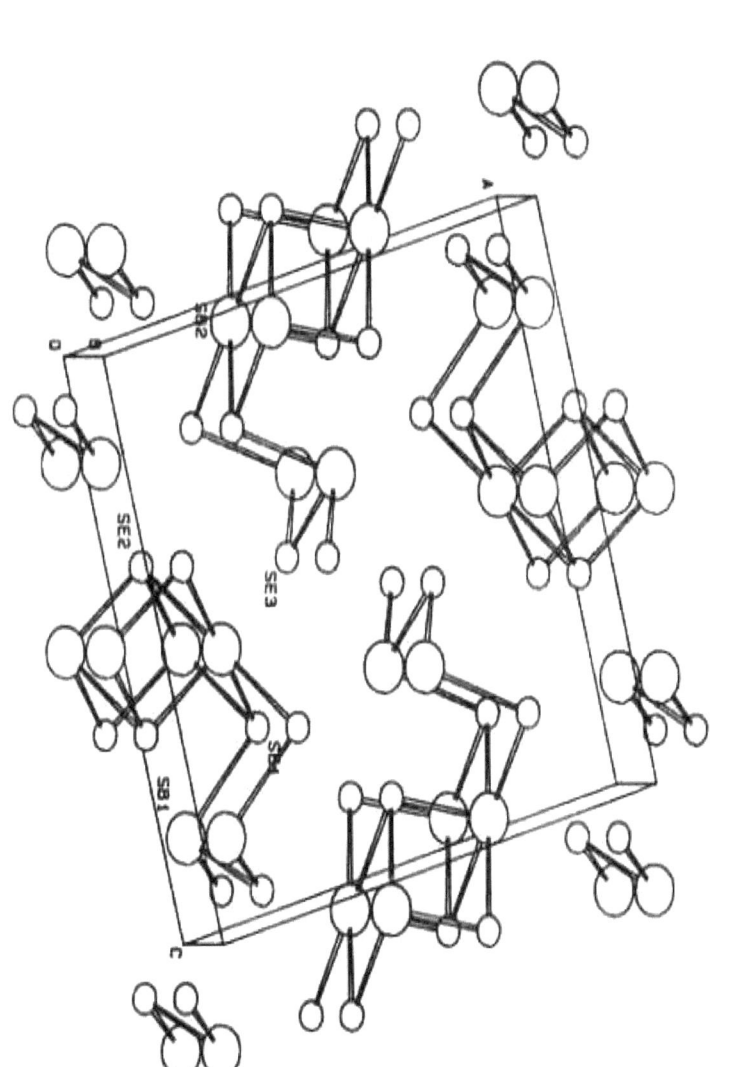

Figure 4.3: Hétérocycles hexagonaux dans le réseau cristallin de $Sb_2Se_{2,1}S_{0,9}$ (Laminsi et al,1999)

IV.4.2.4 .2 - Paramètres atomiques, distances inter atomiques et angles des liaisons de $Sb_2Se_{2,1}S_{0,9}$

Les différents paramètres atomiques sont donnés dans le tableau IV.III.

Tableau IV.III: Paramètres atomiques de $Sb_2Se_{2,1}S_{0,9}$

ATOM.	X/A	Y/B	Z/C	K	U11	U22	U33	U23	U13	U12
Sb1	0,03052	0,2500	0,82694	0,5000	0,0216	0,0133	0,0233	0,0000	-0,0021	0,0000
	0,00003	0,0000	0,00003	0,0000	0,0002	0,0002	0,0002	0,0000	0,0001	0,0000
Sb2	0,35299	0,2500	0,03772	0,5000	0,0208	0,0178	0,0299	0,0000	-0,0055	0,0000
	0,00003	0,0000	0,00003	0,0000	0,0002	0,0002	0,0002	0,0000	0,0001	0,0000
Se1	0,21355	0,2500	0,69394	0,3772	0,0199	0,0142	0,0186	0,0000	0,0018	0,0000
	0,00005	0,0000	0,00005	0,0016	0,0003	0,0003	0,0003	0,0000	0,0002	0,0000
S_1	0,21355	0,2500	0,69394	0,1228	0,0199	0,0142	0,0186	0,0000	0,0018	0,0000
	0,00005	0,0000	0,00005	0,0016	0,0003	0,0003	0,0003	0,0000	0,0002	0,0000
Se2	0,05342	0,2500	0,37183	0,3156	0,0202	0,0123	0,0218	0,0000	-0,0010	0,0000
	0,00005	0,0000	0,00005	0,0017	0,0003	0,0003	0,0004	0,0000	0,0002	0,0000
S2	0,05342	0,2500	0,37183	0,1844	0,0202	0,0123	0,0218	0,0000	-0,0010	0,0000
	0,00005	0,0000	0,00005	0,0017	0,0003	0,0003	0,0004	0,0000	0,0002	0,0000
Se3	0,37136	0,2500	0,44345	0,3712	0,0207	0,0133	0,0176	0,0000	0,0024	0,0000
	0,00004	0,0000	0,00005	0,0017	0,0003	0,0003	0,0003	0,0000	0,0002	0,0000
S3	0,37136	0,2500	0,44345	0,1288	0,0207	0,0133	0,0176	0,0000	0,0024	0,0000
	0,00004	0,0000	0,00005	0,0017	0,0003	0,0003	0,0003	0,0000	0,0002	0,0000

A partir du tableau IV.III ci-dessus, les distances interatomiques ont été calculées à l'aide d'un logiciel Fortran en double précision (Tableau IV.IV).

Il ressort de ce calcul que les distances interatomiques varient entre 9,8557(3) Å et 2,637(5) Å. La plus importante se trouve entre Sb_1 et Sb_2, alors que la plus petite est entre Sb_1 et (Se_1, S_1).

Tableau IV.IV: Distances inter atomiques de $Sb_2Se_{2,1}S_{0,9}$

Triangles	Distances(Å)	Triangles	Distances(Å)
(Sb_1, Sb_2, Se_1)	$Sb_1-Sb_2 = 9,857(3)$	(Sb_1, Se_2, Se_3)	$Sb_1-Se_2 = 5,259(3)$
	$Sb_2-Se_1 = 7,746(2)$		$Sb_1-Se_3 = 5,954(2)$
	$Sb_1-Se_1 = 2,633(1)$		$Se_2-Se_3 = 3,807(1$
(Sb_1, Sb_2, Se_2)	$Sb_1-Sb_2 = 9,857(3)$	(Sb_2, Se_1, Se_2)	$Sb_2-Se_1 = 7,746(2)$
	$Sb_1-Se_2 = 5,259(3)$		$Sb_2-Se_2 = 5,208(2)$
	$Sb_2-Se_2 = 5,208(2)$		$Se_1-Se_2 = 4,162(3)$
(Sb_1, Sb_2, Se_3)	$Sb_1-Sb_2 = 9,857(3)$	(Sb_2, Se_1, Se_3)	$Sb_2-Se_1 = 7,746(2)$
	$Sb_1-Se_3 = 5,954(2)$		$Sb_2-Se_3 = 4,687(1)$
	$Sb_2-Se_3 = 4,687(1)$		$Se_1-Se_3 = 3,429(2)$
(Sb_1, Se_1, Se_2)	$Sb_1-Se_1 = 2,633(1)$		$Sb_2-Se_2 = 5,208(2)$
	$Sb_1-Se_2 = 5,259(3)$	(Sb_2, Se_2, Se_3)	$Sb_2-Se_3 = 4,687(1)$
	$Se_1-Se_2 = 4,162(3)$		$Se_2-Se_3 = 3,807(1)$
(Sb_1, Se_1, Se_3)	$Sb_1-Se_1 = 2,633(1)$	(Se_1, Se_2, Se_3)	$Se_1-Se_2 = 4,162(3)$
	$Sb_1-Se_3 = 5,954(2)$		$Se_1-Se_3 = 3,429(2)$
	$Se_1-Se_3 = 3,429(2)$		$Se_2-Se_3 = 3,807(1)$

De même les angles entre les différentes liaisons ont été calculés à l'aide du même logiciel Fortran en double précision ci-dessus indiqué (Tableau IV.V). Il en ressort que ces angles varient entre 158,199(4)° et 9,451(9)°. L'angle $Sb_1-Se_1-Se_3$ en est le plus grand, alors que $Sb_1-Se_3-Se_1$ en constitue le plus petit.

Tableau IV.V: Angles des liaisons de $Sb_2Se_{2,1}\ S_{0,9}$

Triangles	Angles(°)	Triangles	Angles(°)
(Sb_1,Sb_2,Se_1)	$Sb_1\text{-}Sb_2\text{-}Se_1 = 10{,}335(6)$	(Sb_1,Se_2,Se_3)	$Sb_1\text{-}Se_2\text{-}Se_3 = 80{,}377(2)$
	$Sb_1\text{-}Se_1\text{-}Sb_2 = 137{,}805(3)$		$Sb1\text{-}Se_3\text{-}Se_2 = 60{,}550(2)$
	$Sb_2\text{-}Sb_1\text{-}Se_1 = 31{,}860(4)$		$Se_2\text{-}Sb_1\text{-}Se^3 = 39{,}073(2)$
(Sb_1,Sb_2,Se_2)	$Sb_1\text{-}Sb_2\text{-}Se_2 = 19{,}761(5)$	(Sb_2,Se_1,Se_2)	$Sb_2\text{-}Se_1\text{-}Se_2 = 38{,}868(3)$
	$Sb_1\text{-}Se_2\text{-}Sb_2 = 140{,}676(2)$		$Sb_2\text{-}Se_2\text{-}Se_1 = 111{,}036(2)$
	$Sb_2\text{-}Sb_1\text{-}Se_2 = 19{,}563(5)$		$Se_1\text{-}Sb_2\text{-}Se_2 = 30{,}096(3)$
(Sb_1,Sb_2,Se_3)	$Sb_1\text{-}Sb_2\text{-}Se_3 = 25{,}105(3)$	(Sb_2,Se_1,Se_3)	$Sb_2\text{-}Se_1\text{-}Se_3 = 20{,}394(4)$
	$Sb_2\text{-}Sb_1\text{-}Se_3 = 19{,}511(4)$		$Sb_2\text{-}Se_3\text{-}Se_1 = 144{,}836(2)$
	$Sb_1\text{-}Se_3\text{-}Sb_2 = 135{,}384(2)$		$Se_1\text{-}Sb_2\text{-}Se_3 = 14{,}770(3)$
(Sb_1,Se_1,Se_2)	$Sb_1\text{-}Se_1\text{-}Se_2 = 98{,}937(3)$	(Sb_2,Se_2,Se_3)	$Sb_2\text{-}Se_2\text{-}Se_3 = 60{,}299(1)$
	$Se_1\text{-}Sb_1\text{-}Se_2 = 51{,}423(3)$		$Sb_2\text{-}Se_3\text{-}Se_2 = 74{,}835(1)$
	$Sb_1\text{-}Se_2\text{-}Se_1 = 29{,}641(5)$		$Se_2\text{-}Sb_2\text{-}Se_3 = 44{,}866(1)$
(Sb_1,Se_1,Se_3)	$Sb_1\text{-}Se_1\text{-}Se_3 = 158{,}199(4)$	(Se_1,Se_2,Se_3)	$Se_1\text{-}Se^2\text{-}Se_3 = 50{,}736(2)$
	$Sb_1\text{-}Se_3\text{-}Se_1 = 9{,}451(9)$		$Se_1\text{-}Se_3\text{-}Se_2 = 70{,}001(2)$
	$Se_1\text{-}Sb_1\text{-}Se_3 = 12{,}349(7)$		$Se_2\text{-}Se_1\text{-}Se_3 = 59{,}263(2)$

IV.4.2.4 .3 - Variation des paramètres et de volume de maille des ternaires de formule chimique générale $Sb_2Se_{3-x}S_x$ en fonction de la composition.

Une étude comparative des diffractogrammes des composés Sb_2S_3, Sb_2SeS_2, $Sb_2Se_{1,5}S_{1,5}$, $Sb_2Se_{2,1}S_{0,9}$ et Sb_2Se_3 montre qu'ils sont isostructuraux vue la séquence des pics ; l'angle de diffraction diminue quand le pourcentage du sélénium augmente dans le composé (figures 4.4 et 4.5).

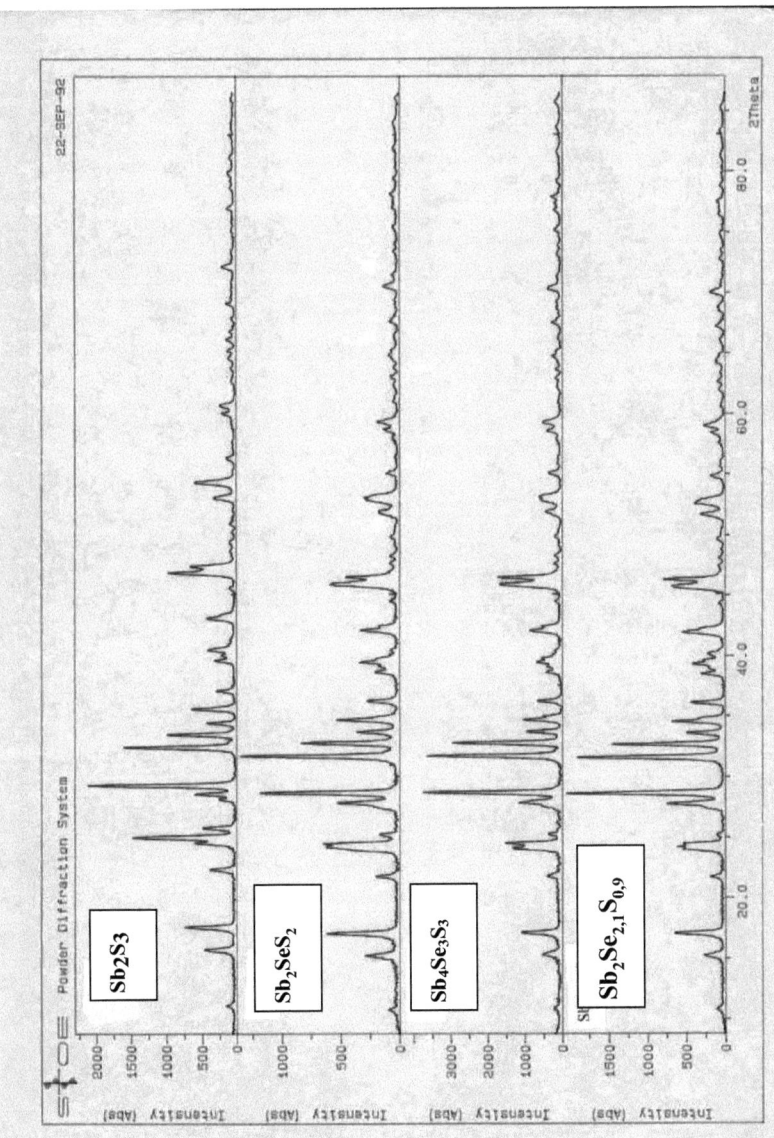

Figure 4.4: Diagrammes de poudre de $Sb_2Se_{2,1}S_{0,9}$, $Sb_4Se_3S_3$, Sb_2SeS_2 et Sb_2S_3 (6-0474)

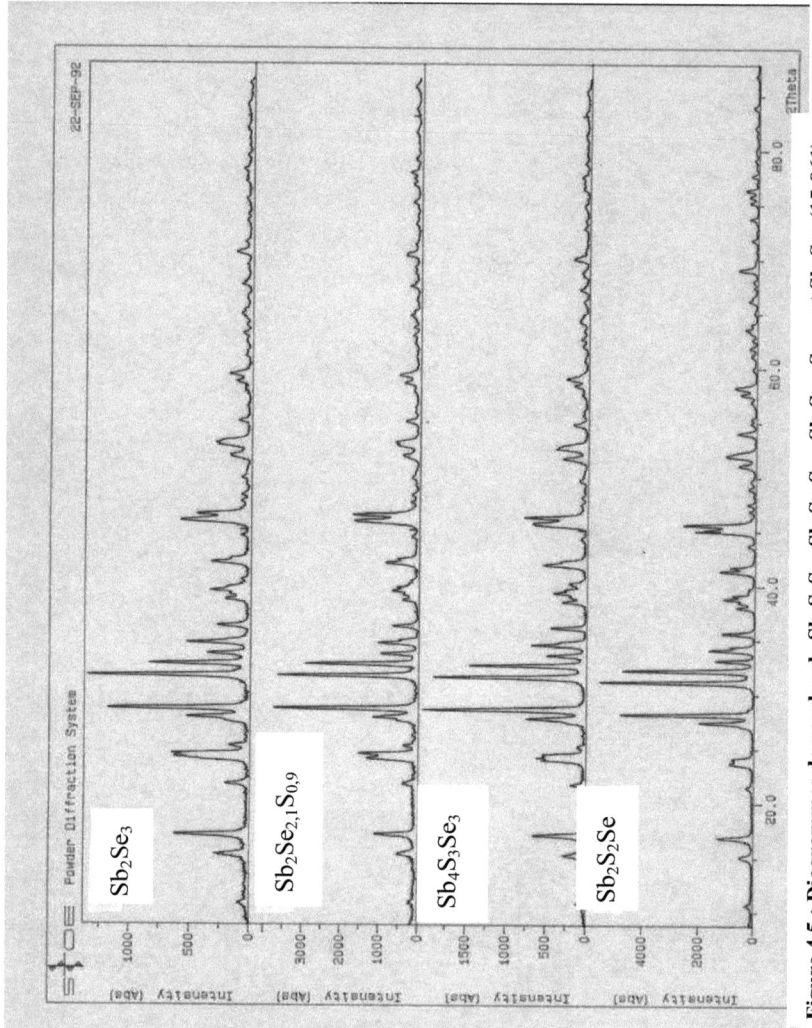

Figure 4.5 : Diagrammes de poudre de Sb_2SeS_2, $Sb_4Se_3S_3$, $Sb_2Se_{2,1}S_{0,9}$, et Sb_2Se_3 (15-861)

De même les paramètres de maille augmentent dans le sens de la croissance du pourcentage du sélénium (Tableau IV.VI).

Tableau IV.VI : Variation de paramètres et de volume de maille en fonction de la composition

Formule chimique	% en mole de Sb_2S_3	% en mole de Sb_2Se_3	a(Å)	b(Å)	c(Å)	v(Å^3)
Sb_2S_3	100	00	11,279(6)	3,824(2)	11,195(5)	483,3
$Sb_2S_{2,55}Se_{0,45}$	85	15	11,421(1)	3,857(1)	11,297(2)	497,6
Sb_2S_2Se	66,67	33,33	11,545(1)	3,889(1)	11,395(1)	511,6
$Sb_2S_{1,5}Se_{1,5}$	50	50	11,626(2)	3,917(3)	11,468(1)	522,2
$Sb_2S_{0,9}Se_{2,1}$	30	70	11,687(3)	3,938(1)	11,540(3)	531,1
$Sb_2S_{0,45}Se_{2,55}$	15	85	11,723(2)	3,958(3)	11,583(2)	537,4
Sb_2Se_3	00	100	11,571(7)	3,972(2)	11,624(4)	542,6

Il ressort de ce tableau IV.VI que les paramètres et le volume de maille varient de la manière suivante : a = 11,279(6) à 11,751(7)(Å), b = 3,824(2) à 3,972(2)(Å) c = 11,195(5) à 11,195(5) (Å) et v = 483,3 à 542,6(Å^3)

Les courbes représentatives de ces variations ont été tracées et se présentent comme l'indique la figure 4.6.

Contribution à l'étude du système Sb$_2$S$_3$ - Sb$_2$Se$_3$

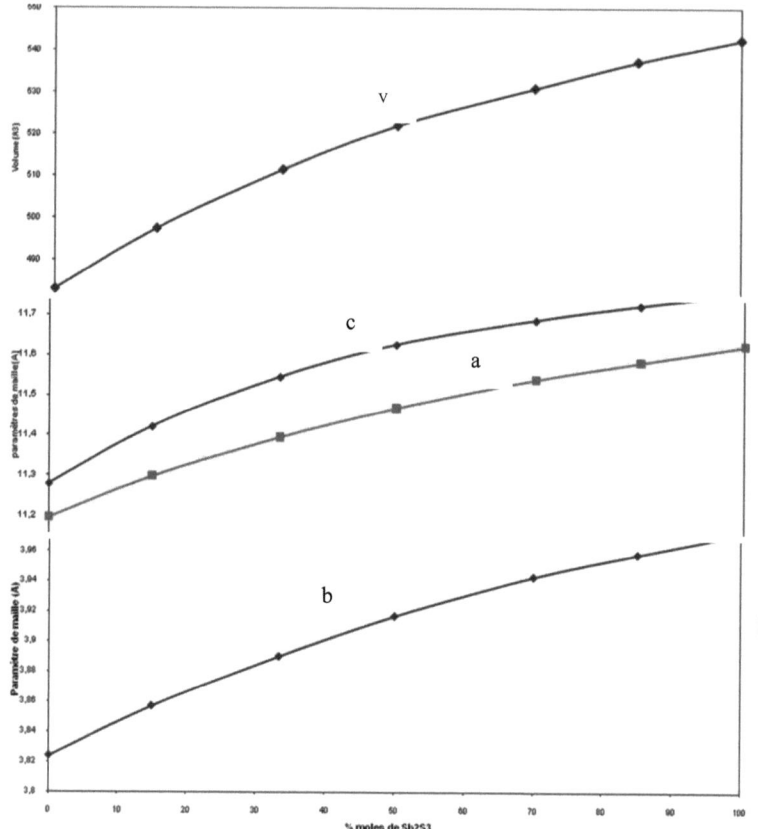

Figure 4.6 : Variation de paramètres et de volume de maille en fonction de la composition (présent travail)

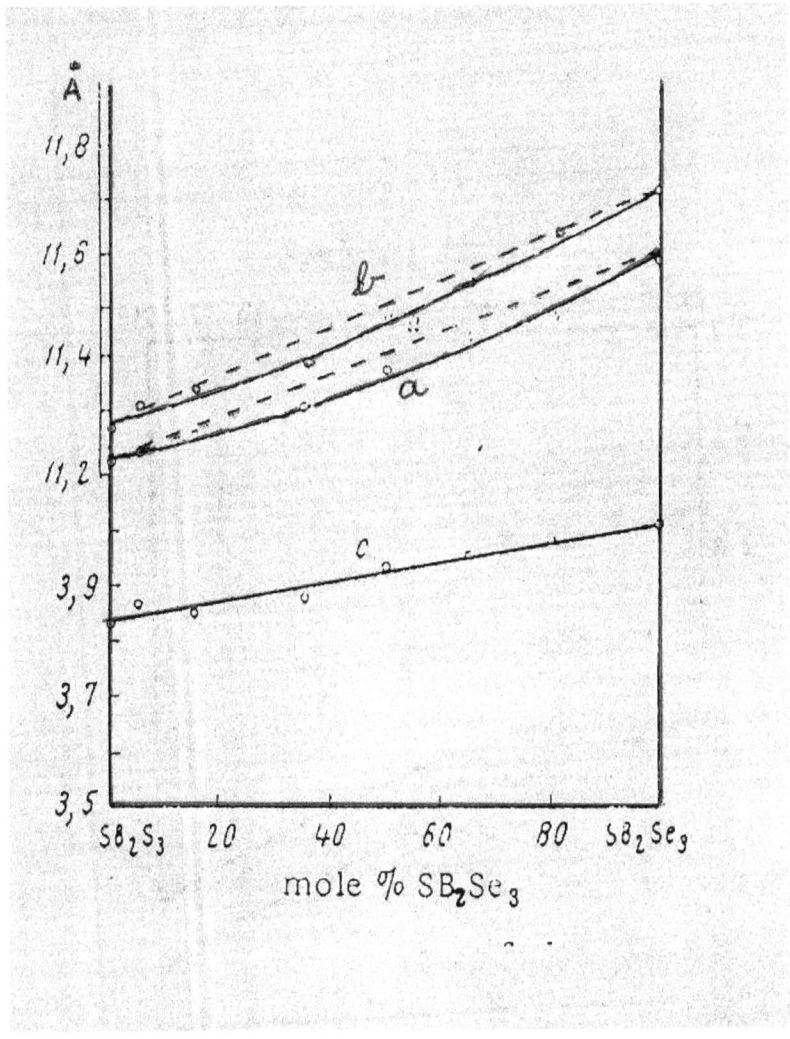

Figure 4.7 : Variation de paramètres et de volume de maille en fonction de la composition (Abrikosov et Ivhieva, 1968)

Ces courbes tracées à partir des paramètres plus précis donnent des informations complètement différentes de celles rencontrées dans les travaux antérieurs (figure 4.7) (Abrikosov et Ivlieva, 1968) :

1 – La courbe représentative de la variation du paramètre b en fonction du pourcentage de Sb_2Se_3 est parabolique et non linéaire comme il a été antérieurement indiqué (Figures 4.6 et 4.7).

2 – Celles relatives à a et c sont des paraboles convexes et non concaves comme l'indiquent les travaux antérieurs (Figures 4.6 et 4.7)

COCLUSION

La mise en évidence d'un autre composé bien cristallisé comme $Sb_2Se_{2,1}S_{0,9}$ de cette solution solide du système Sb_2S_3 - Sb_2Se_3 et l'étude cristallographique bien raffinée de sa structure permettent par comparaison des positions atomiques d'améliorer la compréhension des propriétés thermoélectroniques déjà dégagées par les auteurs et ouvrira des voies à d'autres hypothèses peut-être plus fécondes.

CHAPITRE V

CONTRIBUTION A L'ETUDE DU SYSTEME Cu_3PS_4-Cu_3PSe_4

V.1 - INTRODUCTION

Dans le cadre du présent travail nous avons voulu reprendre la préparation du quaternaire $Cu_3PS_2Se_2$, et faire une étude détaillée de structure cristallographique afin de mieux interpréter ses propriétés photoélectroniques (Marzik et al, 1983). Cette hypothèse n'a pas été confirmée au plan expérimental et il s'est formé plutôt le quaternaire de formule $Cu_3PS_{2,36}Se_{1,64}$.

Nous avons au cours du présent travail obtenu par deux méthodes différentes, les monocristaux de ce cuivre I ortho-thiosélèniophosphate ($Cu_3PS_{2,36}Se_{1,64}$), dont la structure cristallographique a été faite de manière précise et détaillée à l'aide d'un diffractomètre à quatre cercles de type STOE, stadi 4.

V.2 - ETUDE DU CUIVRE I ORTHO-THIOPHOSPHATE (Cu_3PS_4)

Les produits initiaux qui ont permis de synthétiser le cuivre I ortho-thiophosphate et le cuivre I ortho-séléniophosphate (Cu_3PS_4) sont les poudres de cuivre (99,9%), de phosphore (99 %) (Aldrich) et le soufre (99,999 %)(Serlabo).

V.2.1 – Synthèse

Au cours du présent travail le cuivre I ortho-thiophosphate a été synthétisé, Cu_3PS_4, à partir d'un mélange stœchiométrique des éléments de haute pureté cuivre (99,7%) et phosphore(99%) (aldrich) et de soufre (99,999%) (Serlabo), scellé sous vide (10^{-6} mm de mercure) que nous avons chauffé par paliers de température de 50°C entre 300 et 800°C, afin d'éviter ainsi l'explosion due à la surpression de la vapeur de soufre. Le chauffage qui dure 48 heures à 800°C est suivi d'un refroidissement lent dans le four jusqu'à la température ambiante. Le produit obtenu est une poudre jaune bien cristallisée avec des facettes brillantes (Nitshe et wild , 1970; Garin et Parthé, 1972 ; Marzik et al., 1983).

V.2.2 – Caractérisation

Dans le présent travail nous avons fait l'analyse cristallographique. Les échantillons de Cu_3PS_4 synthétisés ont été caractérisés à l'aide du diffractomètre à quatre cercles décrit lus haut.

Les résultats obtenus sont en accord avec ceux que nous avons pu rencontrer dans la littérature (Tableau V.I).

Tableau V.I: Paramètres de maille Cu_3PS_4

Paramètres (Å)	Présent travail	Marzik et al,(1983)		Garin et Parthé(1972)	Nitsche et Wild(1970)
		Poudre	Monocristal		
a	7,2681 (1)	7,281 (2)	7,290 (6)	7,55	7,296 (2)
b	6,3252 (1)	6,294 (2)	6,326 (6)	6,43	6,319 (2)
c	6,0681 (1)	6,066 (2)	6,040 (6)	6,12	6,072 (2)

V.2.3 - Stabilité thermique du cuivre I ortho-thiophosphate (Cu_3PS_4)

Des échantillons de Cu_3PS_4 sont chauffés à 800, 900, 1000, 1100 et 1200°C, en tubes de quartz scellés sous vide. Ils sont ensuite étudiés à l'aide d'un diffractomètre des rayons X pour poudre à quatre cercles. Les diffractogrammes obtenus sont identiques et parfaitement superposables comme l'indique la figure 5.1, ce qui indique que le cuivre I ortho-thiophosphate (Cu_3PS_4) reste stable entre 800 et 1200°C.

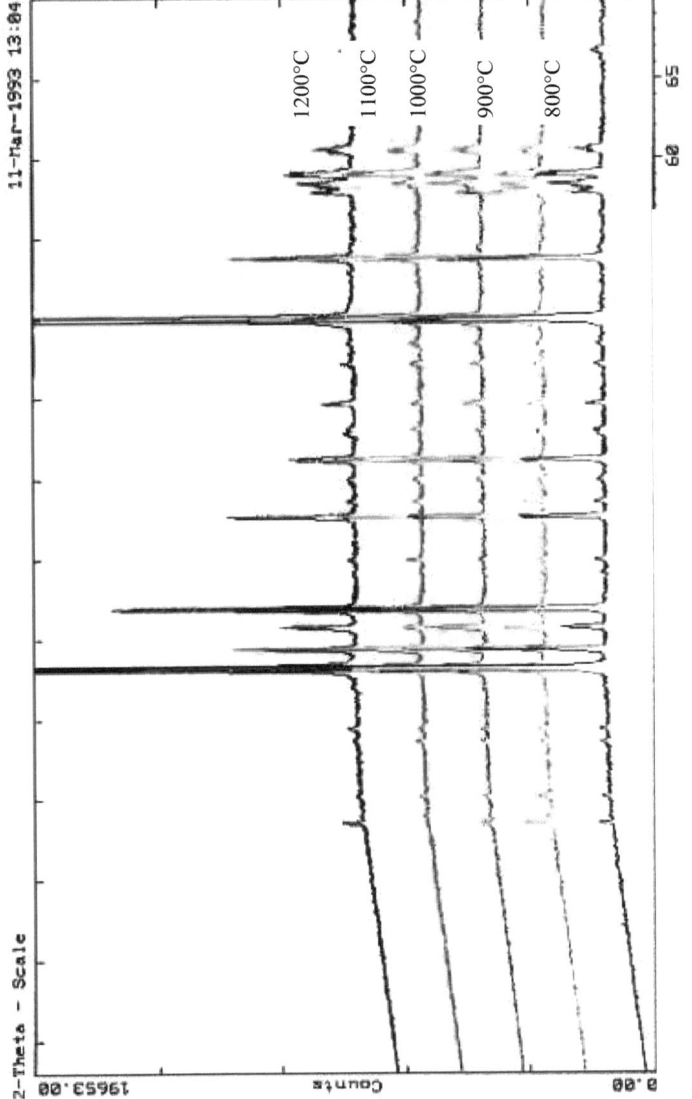

Figure 5.1: Diffractogrammes de (Cu_3PS_4) à 800, 900, 1000, 1100 et 1200°C

V.3 – ETUDE DE CUIVRE I ORTHO-SELENIOPHOSPHATE (Cu_3PSe_4)

Le cuivre I ortho-séléniophosphate (Cu_3PSe_4) est l'homologue de cuivre I ortho-thiophosphate Cu_3PS_4 et leurs méthodes de préparation sont également analogues.

Les produits initiaux qui ont permis d'obtenir le cuivre I ortho-séléniophosphate(Cu_3PSe_4) sont les poudres de cuivre (99,9%), de phosphore (99 %) (Aldrich) et le soufre (99,999 %)(Serlabo).

V.3.1 – Synthèse

Le cuivre I ortho-séléniophosphate que nous avons utilisé dans le présent travail a été obtenu à partir d'un mélange d'éléments dans le rapport Cu:P:Se = 3:1:4 dans un tube de quartz scellé sous vide (10^{-6} mm Hg) que nous avons chauffé dans un four à moufle à 800°C pendant 7 jours, suivi d'un refroidissement lent dans le four jusqu'à la température ambiante. Le produit de la réaction est un ensemble fritté de couleur noire (Garin et Parthé, 1972; Toffoli te al., 1976; Marzik et al., 1983).

V.3.2 - Caractérisation

Il ressort des recherches bibliographiques que nous avons pu effectuées que Les travaux de Cavalca en 1948, ceux d'Ott et al en 1972 et ceux de Garin et Parthé en 1972 ont été repris à l'aide d'un diffractomètre automatique à quatre cercles, ce qui a permis de confirmer et de préciser les résultats déjà obtenus (Toffoli et al., 1976 ; Marzik et al., 1983) (Tableau IVII).

La caractérisation du cuivre I ortho-séléniophosphate préparé au cours du présent travaux, a été faite à l'aide du diffractomètre de poudre automatique à quatre cercles décrit plus haut. Les résultats obtenus sont pratiquement les mêmes que ceux rencontrés dans la littérature comme l'indique le tableau V.II (Ferrari et Cavalca, 1948 ; Ottet et al, 1972 ; Garin et Parthé, 1972 ; Toffoli et al., 1976 ; Marzik et al., 1983).

Tableau V.II: Paramètres de maille de Cu_3PSe_4

Paramètres (Å)	Présent travail	Garin et Parthé (1972)	Toffoli et al. (1976)	Marzik et al. (1983)
a	7,6876(1)	7,697(2)	7,690(4)	7,700(1)
b	6,6509(1)	6,661(2)	6,688(4)	6,700(1)
c	6,3552(1)	6,381(2)	6,374(4)	6,396(2)

V.4 - PRÉPARATION DE CUIVRE I ORTHO-THIOSELENIOPHOSPHATE ($Cu_3PS_{2,36}Se_{1,64}$)

Les produits initiaux sont soit les éléments ci-dessus mentionnés soit les chalchogénures ternaires que sont le cuivre I ortho-thiophosphate et le cuivre I ortho-séléniophosphate (Cu_3PS_4 et Cu_3PSe_4 respectivement)

V.4.1 -Synthèse

Le quaternaire $Cu_3PS_{2,36}Se_{1,64}$ se synthétise à partir d'un mélange de cuivre (99,9%) et de phosphore (99 %) (Aldrich), le soufre (99,999 %) et le sélénium granulé (99,99 %) (Serlabo) dans les rapports Cu : P : S : Se = 3 : 1 : 2,36 : 1,64, que l'on chauffe par paliers de température de 50°C entre 300 et 800°C en tube de quartz scellé sous vide (10^{-6} mm de mercure), afin d'éviter l' explosion due à la surpression de soufre. La cuisson y dure 48 heures, suivie d'un refroidissement lent dans le four à moufle jusqu'à 600°C où un recuit dure 20 jours. Il se forme alors de beaux monocristaux utilisables à l'étude aux rayons X de la structure cristallographique .

$$3Cu + P + 2,36S + 1,64Se \rightarrow Cu_3PS_{2,36}Se_{1,64} \qquad (5.1)$$

La synthèse de ce cuivre I ortho-thioséléniophosphate peut également se faire à partir d'un mélange intime de cuivre I ortho-thiophosphate et de cuivre I ortho-séléniophosphate (Cu_3PS_4 et Cu_3PSe_4 respectivement) dans le rapport molaire $Cu_3PS_4 : Cu_3PSe_4 = 2,3 : 1,64$. Le programme de chauffage est le même que celui décrit précédemment avec la seule différence que la montée de la température ne se fait pas par paliers, étant donné qu'il n'y a aucun risque d'explosion à la température de travail, comme dans le cas précédent.

$$0,59Cu_3PS_4 + 0,41\ Cu_3PSe_4 \rightarrow Cu_3PS_{2,36}Se_{1,64} \qquad (5.2)$$

V.4.2 - Propriétés thermiques

Les composés Cu_3PS_4 , $Cu_3PS_{2,36}Se_{1,64}$, Cu_3PSe_4 sont calcinés simultanément dans un four à moufle. La substitution oxydante se fait par chauffage à l'air libre jusqu'à poids constant, et les produits des réactions sont ensuite analysés à l'aide d'un diffractomètre des rayons x pour poudre à quatre cercles décrit plus haut.

Le chauffage progressif et par paliers de 50°C montre que le cuivre I ortho-thiophosphate (Cu_3PS_4) est stable jusqu'à 500°C, température à laquelle l'oxydation commence pour finir à 700°C en laissant une poudre verte (herbes fraîches) bien cristallisée. Cette couleur verte nous permet d'affirmer que le cuivre I a été oxydé en cuivre II lors de la substitution du soufre par l'oxygène. Il ressort de l'analyse aux rayons X par comparaison au fichier ASTM que les produits des différentes réactions intervenues aux cours de la calcination sont : CuO, $Cu_3(PO_4)_2$, $Cu_5P_2O_{10}$, Cu_7PS_6 (figures 5.2 - 5.6). Les réactions ayant eu lieu au cours de cette action de l'oxygène de l'air se traduisent par l'équation (5.3).

$$xCu_3PS_4 + nO_2 \rightarrow x_1CuO + x_2Cu_3(PO_4)_2 + x_3Cu_5P_2O_{10} + x_4Cu_7PS_6 + n'O_2 \qquad (5.3)$$

Le cuivre I ortho-séléniophosphate (Cu_3PSe_4) est d'une plus grande stabilité thermique ; c'est ainsi que la réaction de substitution du sélénium par l'oxygène s'amorce à 700°C. Le mélange des produits de la calcination présente le même aspect que celui issu de l'oxydation de cuivre I ortho-thiophosphate (Cu_3PS_4); mais dans ce cas la masse verte cristallisée est saupoudrée de microcristaux blancs verdâtres. l'analyse aux rayons X du mélange, par comparaison de son diffractogramme au fichier ASTM (figures 5.5 et 5.6) permet d'y identifier les composés suivants : CuO, $Cu_5P_2O_{10}$, $CuSe_2$ et $CuSe_2O_5$. Les phénomènes chimiques ainsi observés s'interprètent par l'équation (5.4).

$$xCu_3PSe_4 + nO_2 \rightarrow x_1CuO + x_2Cu_5P_2O_{10} + x_3CuSe_2 + x_4CuSe_2O_5 + n'O_2 \qquad (5.4)$$

Le cuivre I ortho-thioséléniophosphate ($Cu_3PS_{2,36}Se_{1,64}$) obéit au même mécanisme que le cuivre I ortho-thiophosphate, sa calcination conduisant aux mêmes produits. En effet les diffractogrammes relatifs aux mélanges des produits des deux calcinations sont parfaitement superposables (figure 5.2 et 5.3). Une étude comparative des diffractogrammes permet de mettre en évidence la présence, dans ces mélanges, des mêmes composés suivants: CuO, $Cu_3(PO_4)_2$, $Cu_5P_2O_{10}$, Cu_7PS_6. Le sélénium est certainement entré dans une phase amorphe ou volatile (SeO_2 et SeO_3 notamment). L'ensemble des réactions chimiques intervenues se traduisent par l'équation (5.5).

$$x\,Cu_3PS_{2,36}Se_{1,64} + nO_2 \rightarrow x_1CuO + x_2Cu_3(PO_4)_2 + x_3Cu_5P_2O_{10} + x_4Cu_7PS_6$$
$$+ y_1\,SeO_2 + y_2SeO_3 + n'O_2 \qquad (5.5)$$

Contribution à l'étude du système Cu_3PS_4-Cu_3PSe_4

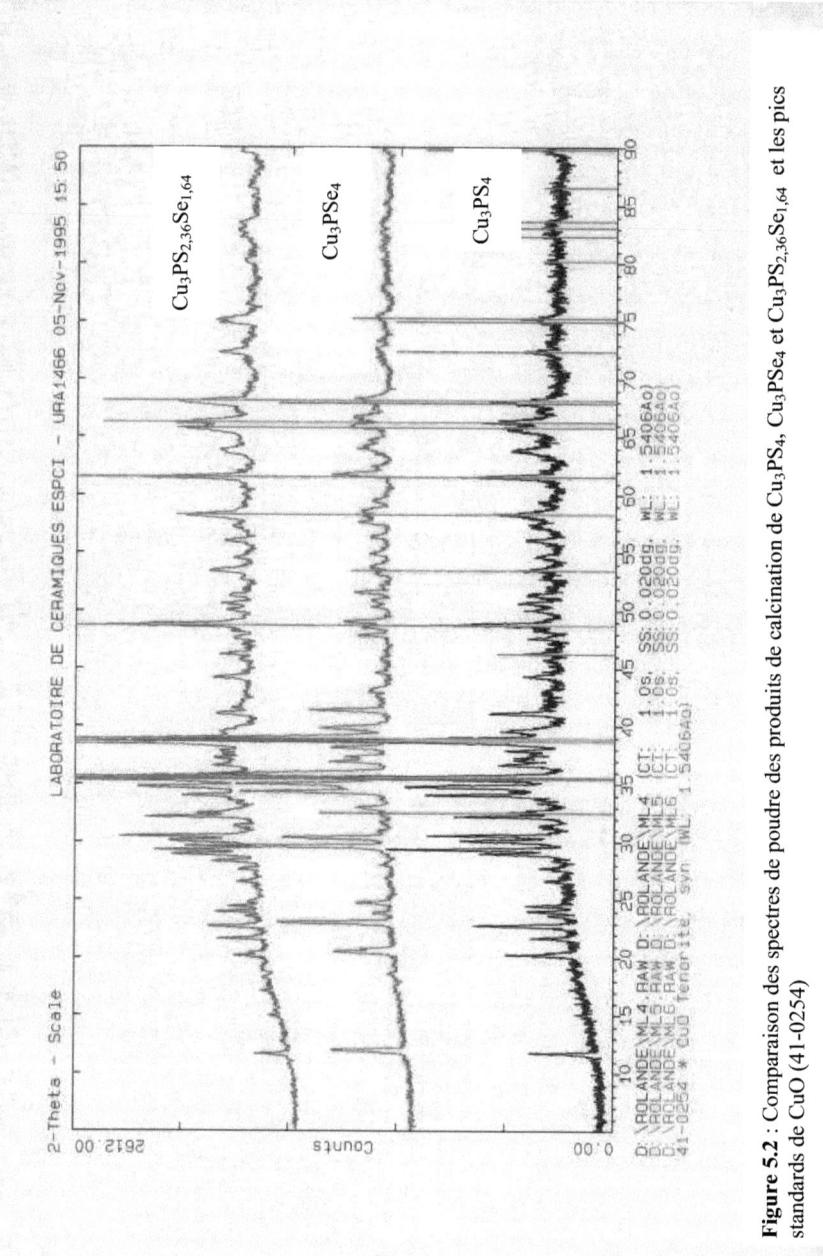

Figure 5.2 : Comparaison des spectres de poudre des produits de calcination de Cu_3PS_4, Cu_3PSe_4 et $Cu_3PS_{2,36}Se_{1,64}$ et les pics standards de CuO (41-0254)

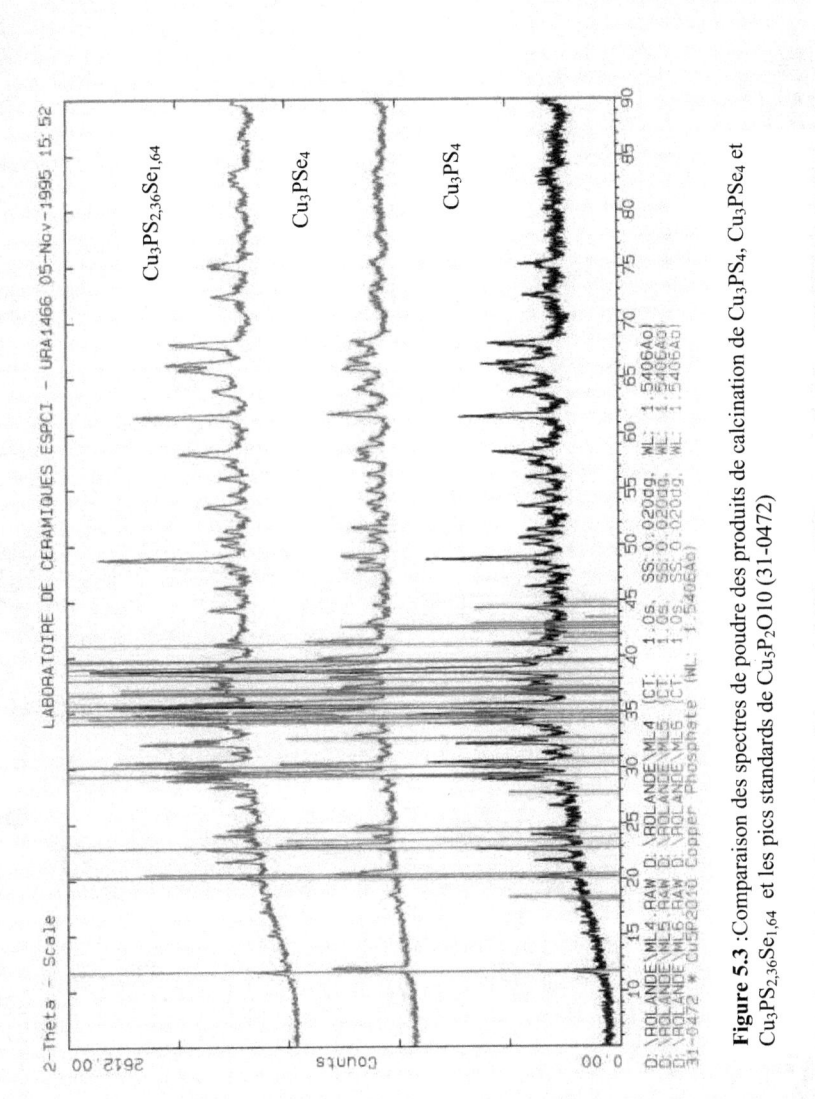

Figure 5.3 : Comparaison des spectres de poudre des produits de calcination de Cu_3PS_4, Cu_3PSe_4 et $Cu_3PS_{2,36}Se_{1,64}$ et les pics standards de $Cu_5P_2O_{10}$ (31-0472)

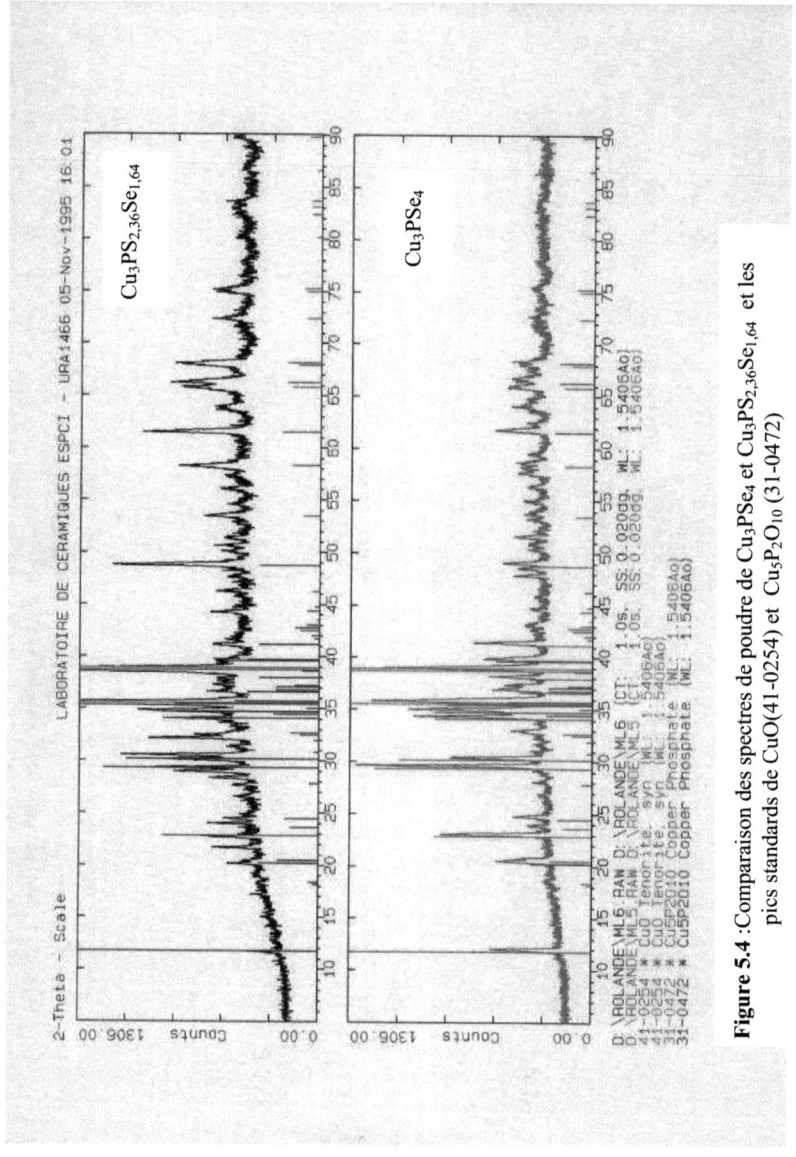

Figure 5.4 :Comparaison des spectres de poudre de Cu_3PSe_4 et $Cu_3PS_{2,36}Se_{1,64}$ et les pics standards de CuO(41-0254) et $Cu_5P_2O_{10}$ (31-0472)

Contribution à l'étude du système Cu_3PS_4-Cu_3PSe_4

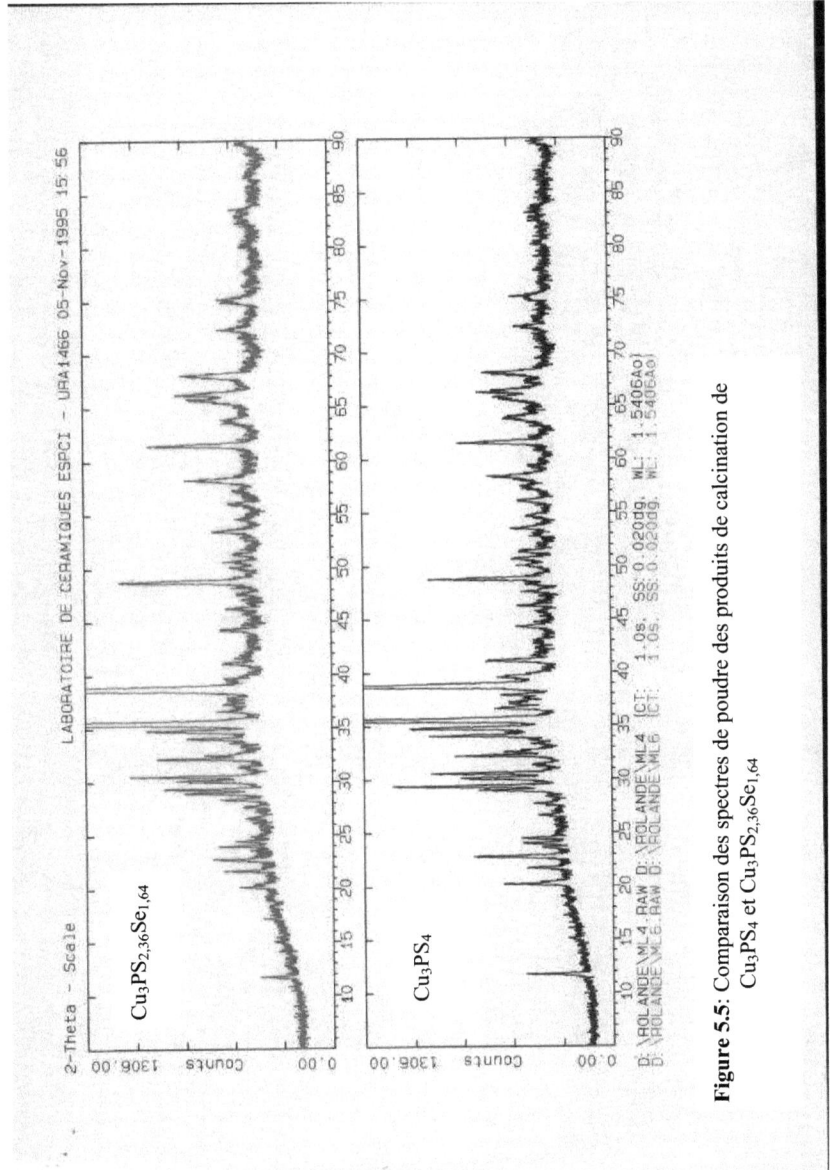

Figure 5.5: Comparaison des spectres de poudre des produits de calcination de Cu_3PS_4 et $Cu_3PS_{2,36}Se_{1,64}$

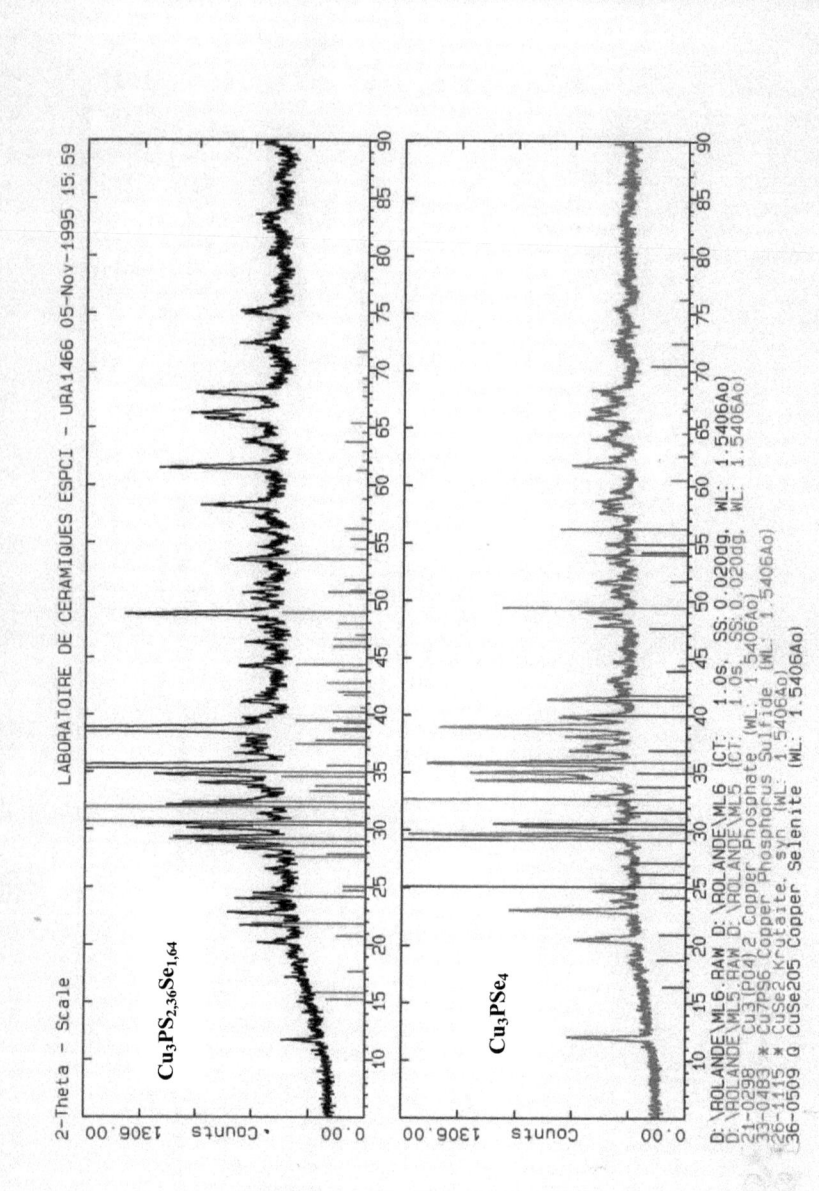

Figure 5.6 : Comparaison des spectres de poudre des produits de calcination de Cu_3PSe_4 et $Cu_3PS_{2,36}Se_{1,64}$ et les pics standards de $Cu_3(PO_4)_2$ (21-0298), Cu_7PS_6 (33-0483), $CuSe_2$ (26-1115), et $CuSe_2O_5$ (36-0509)

La présence des deux chalcogènes dans sa composition chimique le met à la position intermédiaire entre le cuivre I ortho-thiophosphate et le cuivre I ortho-séléiophosphate. C'est ainsi que sa température de début de substitution se situe à 600° C entre 500 et 700° C, celles des deux composés ci-dessus mentionnés et dont il est la combinaison.

Il ressort de cette étude que les composés CuO et $Cu_5P_2O_{10}$ sont communs aux trois produits de calcination.

La poudre cristalline verte conduit par fusion à une masse noire cristallisée très dure qui donne à la pulvérisation une poudre d'un brun chocolat.

V.4.3 - Etude cristallographique

V.4.3.1 – Conditions expérimentales

L'étude cristallographique du cuivre I ortho-thioséléniophosphate $Cu_3PS_{2,36}Se_{1,64}$ s'est faite à l'aide d'un diffractomètre à quatre cercles de marque STOE, stadi 4, utilisant un rayonnement Kα du molybdène, de longueur d'onde $\lambda = 0,71069$Å. Le Monochromateur est en graphite. Le cristal utilisé est marron et a la forme d'une aiguille parallélépipédique de dimensions 0,05x0,08x1 mm^3, est monté sur une fine baguette de verre qui est ensuite fixée sur une tête goniométrique. Les mesures sont faites à 299°. Les angles de diffractions 2θ varient entre 3 et 80°. Les indices de Miller sont limités comme suit : $-13 \leq h \leq 6$, $0 \leq k \leq 11$ et $-11 \leq l \leq 11$; 3372 réflexions dont 1951 indépendantes ont été mesurées ; parmi les 165 non observées, 160 sont d'intensité $F<2\sigma(F)$ et 5 sont éteintes. Le coefficient d'absorption est $\mu = 121$ cm^{-1}.

V.4.3.2 - Résultats

Le quaternaire $Cu_3PS_{2,36}Se_{1,64}$ est isomorphe de l'énargite et cristallise dans le système orthorhombique de groupe spatiale Pmn2$_1$ (n°31 de la table internationale de cristallographie), avec comme paramètres de maille a = 7,465(2)Å; b = 6,464(2)Å et c = 6,193(2)Å, V = 298,8Å^3. La maille élémentaire contient deux formules moléculaires de $Cu_3PS_{2,36}Se_{1,64}$ de masse molaire M = 426,759g. La densité calculée est égale à dt = 4,72 et celle mesurée dm = 4,78. Le taux de compacité est Rint = 0,057.

V.4.3.3 - Affinement de la structure

L'affinement de la structure a commencé avec les coordonnées de l'énargite Cu_3AsS_4 (Adiwidjaja, Löhn, 1970, 1878), avec P dans le site de As. L'affinement d'un facteur d'occupation d'un site commun pour les trois positions de soufre conduit à une valeur de 1,75 si les sites sont occupés par le soufre et à 0,70 s'il le sont par le sélénium. Par conséquent une distribution aléatoire d'atomes de soufre et de sélénium sur les sites du soufre de l'énargite a été effectuée et le rapport S : Se a été affiné séparément pour chacune des trois positions. Un rapport moyen S : Se = 0,59 : 0,41 a été obtenu avec des différences considérables entre les sites pris séparément : c'est ainsi que les sites S_1 et S_2 sont majoritairement occupés par le soufre (S : Se = 0,75 : 0,25 et S : Se = 0,69 : 0,31), alors que S_3 est dominé par le sélénium (S : Se = 0,45 : 0,55). Ceci est en accord avec les distances moyennes Cu-(S,Se) dans les différents tétraèdres : Cu- S_1 = 2,314, Cu- S_2 = 2,328 et Cu- S_3 = 2,381Å. Une tentative de modification de l'occupation des sites de cuivre et de phosphore n'a pas amélioré la structure, qui est ainsi obtenue avec un indice d'accord R = 0,0613 contre celui attendu Rw = 0,0446.

V.4.3.4 - Description de la structure

L'image du réseau cristallin du quaternaire $Cu_3PS_{2,36}Se_{1,64}$ produite par l'ensemble diffractomètrique STOE Stadi 4 est représentée sur la figure 5.7(Laminsi et al, 2004)

V.4.3.4.1 - Image du réseau cristallin et sites atomiques

Il en ressort que cette structure comporte six types de site dont deux sont occupés par les atomes de cuivre (Cu_1 et Cu_2), un par ceux du phosphore (P) et trois par ceux des chalcogènes [(S_1,Se_1), (S_2,Se_2), (S_3,Se_3)].

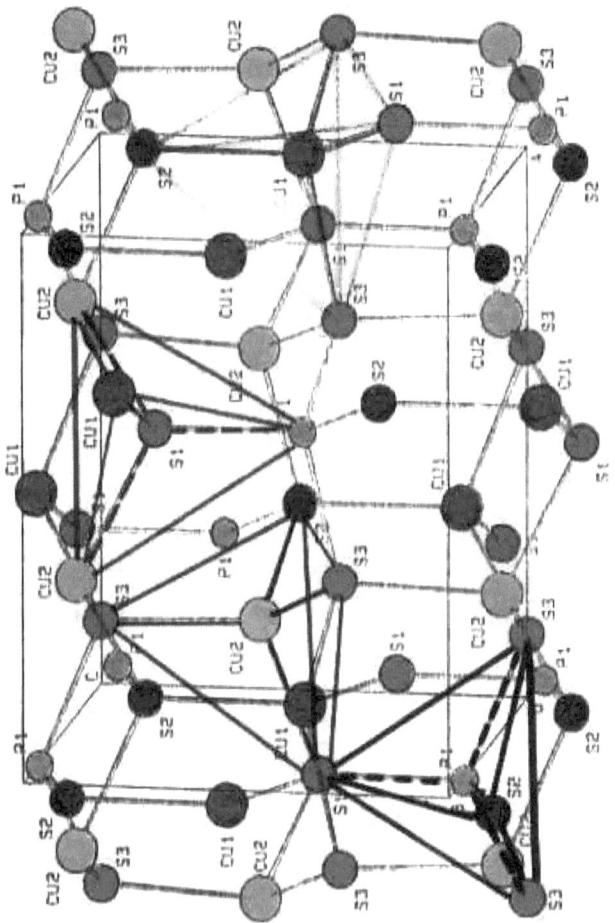

Figure 5.7: Image de structure cristalline de l'ortho-thiosélèniophosphate de cuivre I ($Cu_3PS_{2,36}Se_{1,64}$)

Contribution à l'étude du système Cu$_3$PS$_4$-Cu$_3$PSe$_4$

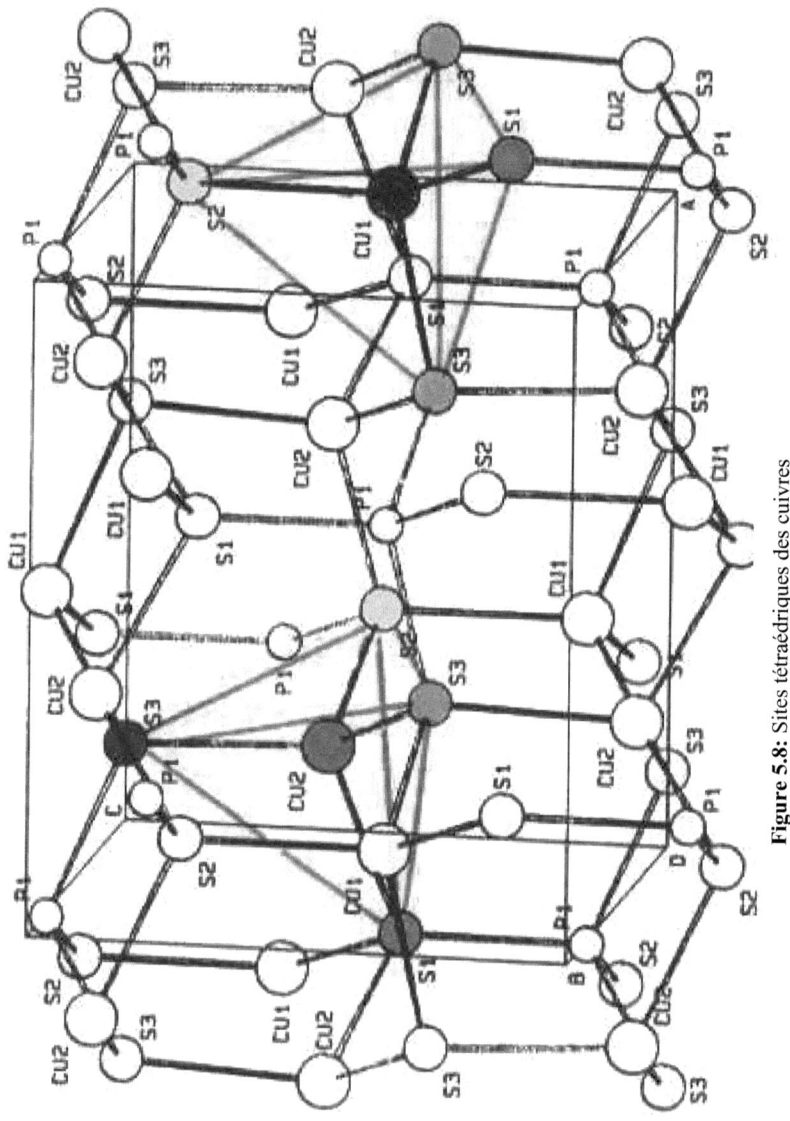

Figure 5.8: Sites tétraédriques des cuivres

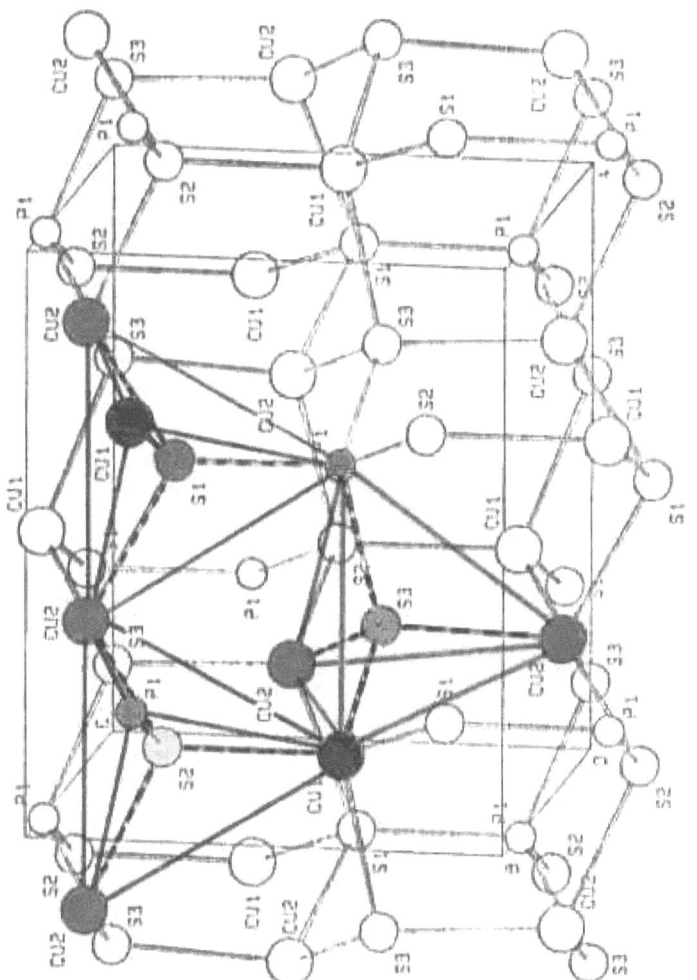

Figure 5.9: Sites tétraédriques des soufres et des séléniums

Contribution à l'étude du système Cu₃PS₄-Cu₃PSe₄

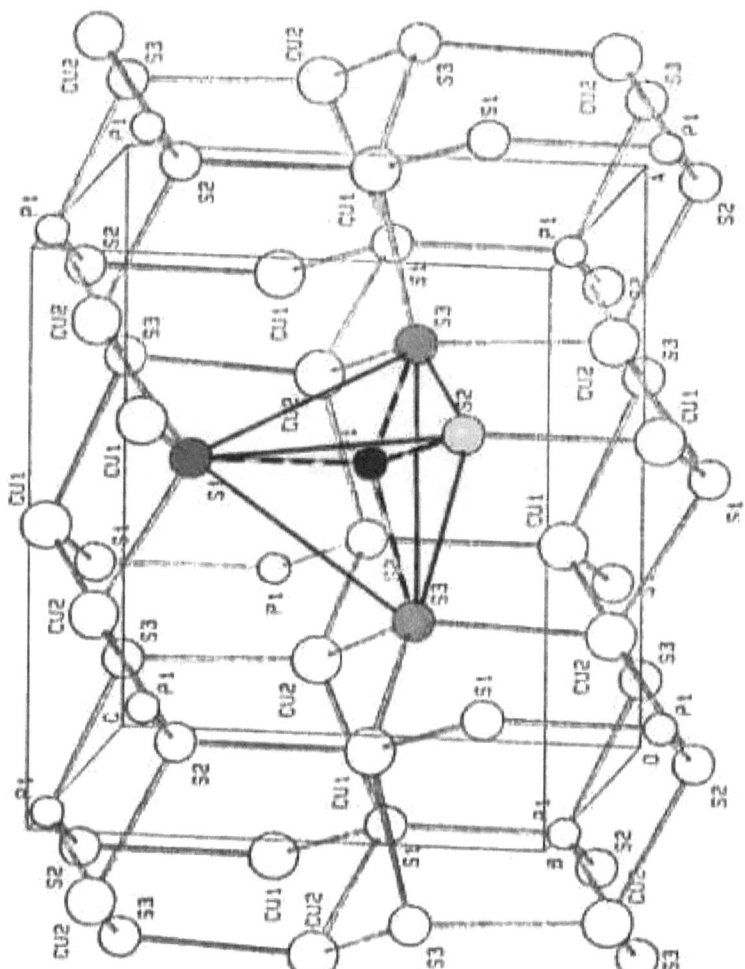

Figure 5.10 : Sites tétraédriques du phosphore

V.4.3.4.2 - Paramètres atomiques, distances inter atomiques et angles des liaisons

Les paramètres structuraux de $Cu_3PS_{2,36}Se_{1,64}$ sont présentés dans le tableau V.III.

Force est de constater que dans ce tableau V.III les sites Se_1 et S_1 ont les mêmes coordonnées et sont par conséquent identiques. Il en est de même pour Se_2 et S_2, Se_3 et S_3.

Les sites atomiques Cu_1 sont occupés à 50,0(0)%; Cu_2 à 100,0(0)%; P_1 à 50,0(0)%; (Se_1,S_1) à 50% dont Se_1 à 12,3(4)% et S_1 à 37,7(4)%; (Se_2,S_2) à 50% dont Se_2 à 15,4(4)% et S_2 à 34,6(4)%, (Se_3,S_3) à 50% dont Se_3 à 54,9(8)% et S_3 à 45,1(8)%.

La composition $1_3.15.16_{4-x}.16'_x$, ($0 \leq x \leq 4$) confère au quaternaire $Cu_3PS_{2,34}Se_{1,64}$ une structure cristallographique tétraédrique (Garin et Parthé, 1972), par conséquent un tétraèdre est bâti autour de chaque site atomique (figure 5.8, 5.9 et 5.10) (Laminsi et al, 2004).

Tableau V.III: paramètres atomiques de $Cu_3PS_{2,36}Se_{1,64}$

Atome	X/A	Y/B	Z/C	K	U11	U22	U33	U23	U13	U12
Cu_2	0,2463	0,3166	0,0000	1,0000	0,0258	0,0272	0,0239	0,0019	0,0008	0,0009
	0,0001	0,0001	0,0000	0,0000	0,0005	0,0004	0,0004	0,0004	0,0003	0,0003
Cu_1	0,0000	0,1430	0,4944	0,5000	0,0300	0,0254	0,0237	0,0021	0,0000	0,0000
	0,0000	0,0002	0,0002	0,0000	0,0006	0,0006	0,0006	0,0005	0,0000	0,0000
P_1	0,0000	0,8255	0,9932	0,5000	0,0089	0,0097	0,0102	0,0002	0,0000	0,0000
	0,0000	0,0003	0,0003	0,0000	0,0007	0,0007	0,0007	0,0006	0,0000	0,0000
Se_1	0,0000	0,8158	0,3380	0,1227	0,0142	0,0127	0,0116	-0,0003	0,0000	0,0000
	0,0000	0,0002	0,0002	0,0036	0,0007	0,0006	0,0006	0,0004	0,0000	0,0000
S_1	0,0000	0,8158	0,3380	0,3773	0,0142	0,0127	0,0116	-0,0003	0,0000	0,0000
	0,0000	0,0002	0,0002	0,0036	0,0006	0,0006	0,0006	0,0004	0,0000	0,0000
Se_2	0,0000	0,1343	0,8714	0,1537	0,0154	0,0101	0,0123	0,0008	0,0000	0,0000
	0,0000	0,0002	0,0003	0,0036	0,0005	0,0004	0,0005	0,0005	0,0000	0,0000
S_2	0,0000	0,1343	0,8714	0,3463	0,0154	0,0101	0,0123	0,0008	0,0000	0,0000
	0,0000	0,0002	0,0003	0,0036	0,0005	0,0004	0,0005	0,0005	0,0000	0,0000
Se_3	0,2612	0,3345	0,3778	0,5485	0,0129	0,0115	0,0134	0,0001	-0,0012	0,0017
	0,0001	0,0001	0,0002	0,0074	0,0003	0,0002	0,0004	0,0003	0,0003	0,0002
S_3	0,2612	0,3345	0,3778	0,4515	0,0129	0,0115	0,0134	0,0001	-0,0012	0,0017
	0,0001	0,0001	0,0002	0,0074	0,0003	0,0002	0,0004	0,0003	0,0003	0,0002

Les distances inter-atomiques de chacun des tétraèdres calculés à l'aide du logiciel Fortran en double précision ci-dessus mentionné sont données dans le tableau V.IV.

Tableau V.IV : Distances interatomiques (Å) de $CU_3PS_{2,36}Se_{1,64}$. E.s.d.s (± 0.002 Å)

Tétraèdres au tour de	Distances (Å)		Tétraèdres au tour de	Distances (Å)	
Cu_1	Cu_1 - (Se_1,S_1)	2.326		(Se_1,S_1) -Cu_1	2.326
	(Se_2,S_2)	2.335	(Se_1,S_1)	-Cu_2	2.308 (2x)
	(Se_3,S_3)	2.419 (2x)		-P_1	2.136
Cu_2	Cu_2 - (Se_1,S_1)	2.308	(Se_2,S_2)	(Se_2,S_2) -Cu_1	2.335
	(Se_2,S_2)	2.324		-Cu_2	2.324 (2x)
	(Se_3,S_3)	2.345		- P_1	2.134
	$(Se_3,S_3)'$	2.380			
P_1	P_1 - (Se_1,S_1)	2.136	(Se_3,S_3)	(Se_3,S_3) -Cu_1	2.419
	-(Se_2,S_2)	2.134		-Cu_2	2.345
	-(Se_3,S_3)	2.181 (2x)		-Cu_2'	2.380
				-P_1	2.181

Nous remarquons que les distances interatomiques sont très peu différentes et varient seulement entre 2,134(2)Å et 2,419(2)Å.

De même, les angles des liaisons de chacun des tétraèdres calculés à l'aide du logiciel Fortran en double précision mentionné plus haut sont données dans le tableau V.V.

Tableau V.V : Angles des liaisons (°) de $CU_3PS_{2,36}Se_{1,64}$ .E.s.d.s ($\pm\,0.1°$.)

Tétraèdres au tour de	Angles(°)		Tétraèdres au tour de	Angles(°)	
Cu_1	(Se_1,S_1)-Cu_1-(Se_2,S_2)	113.2	(Se_1,S_1)	Cu_1-(Se_2,S_2)-Cu_2	99.0 (2x)
	-(Se_3,S_3)	109.9 (2x)		-P_1	112.9
	(Se_2,S_2)-Cu_1-(Se_3,S_3)	108.1(2x)		Cu_2-(Se_2,S_2)-Cu_2	110.3
	(Se_3,S_3)-Cu_1-(Se_3,S_3)	107.4419 (2x)		-P_1	116.4 (2x)
Cu_2	(Se_1,S_1)-Cu_2-(Se_2,S_2)	108.2	(Se_2,S_2)	Cu_1-(Se_2,S_2)-Cu_2	109.3(2x)
	-(Se_3,S_3)	114.4		-P_1	112.1
	-(Se_3,S_3)'	103.4		Cu_2-(Se_2,S_2)-Cu_2	104.6
	(Se_2,S_2)-Cu_2-(Se_3,S_3)	113.8		-P_1	110.7 (2x)
	-(Se_3,S_3)	110.7			
P_1	(Se_1,S_1)-P_1-(Se_2,S_2)	112.4	(Se_3,S_3)	Cu_1-(Se_3,S_3)-Cu_2	103.6
	-(Se_3,S_3)	108.3 (2x)		-Cu_2'	111.8
	(Se_2,S_2)-P_1-(Se_3,S_3)	109.1 (2x)		-P_1	108.6
				Cu_2-(Se_3,S_3)-Cu_2'	111,3
				P_1	110,0
				Cu_2'-(Se_3,S_3)-P_1	111.4

Il en ressort que les angles ne varient également pas beaucoup car ils vont seulement de 99,0(1)° à 114,4(1)°.

CONCLUSION

La structure cristallographique confirme entièrement notre hypothèse de travail car les sites occupés par les atomes de soufre et de sélénium sont identiques ; ensuite les distances interatomiques sont peu différentes dans divers tétraèdres

Le composé **$Cu_3PS_{2,36}Se_{1,64}$** est bien un composé de **substitution** des atomes de soufre par ceux de sélénium dans le **cuivre I ortho-thiophosphate**. Cette substitution peut être dite **isomorphique.**

Les conditions pour obtenir la semi-conduction, phénomène attendu sont aussi remplies. Elle est évidente pour Cu_3PSe_4, à déterminer pour Cu_3PS_4, existe sûrement pour les quaternaires de formule générale $Cu_3PS_{4-x}Se_x$ et le notre pour lequel x = 1,64.

Les déterminations expérimentales en cours nous permettront d'envisager l'exploitation des propriétés électroniques de ce **cuivre I ortho-thioséléniophosphate**

CONCLUSION GENERALE

Au terme du présent travail une grande précision a été apportée à l'étude de la structure cristallographique de la forme de haute température de l'indium III sulfure (β-In_2S_3) cristallise dans le système cubique de groupe spatial Fd3m et de paramètres de maille a = 10,793(2) Å et V = 1257,3 Å^3 avec un indice d'accord R = 0,0208 très précis comparativement à celui publié antérieurement, R = 0,15. Il en est de même de l'antimoine III di-iodosulfure ($Sb_2S_2I_2$) qui cristallise dan le système orthorhombique de groupe spatial Pnma et de paramètres de maille a = 8,527 (6) Å; b = 4,092 (2) Å; c = 10,145 (8) Å et V=354,0 Å^3 avec un indice d'accord R = 0,0269, nettement meilleur comparativement à R = 0,15 publié antérieurement.

Dans le même cadre de travail trois nouveaux composés ont été synthétisés par différentes méthodes dans les systèmes Sb_2S_3 – In_2Se_3, Sb_2S_3 – Sb_2Se_3 et Cu_3PS_4 - Cu_3PSe_4, et leurs structures cristallographiques étudiées de manière détaillée et précise, à l'aide d'un diffractomètre à quatre cercles STOE Stadi 4 pour poudre. Il s'agit de :

1 – l'alpha indium III tritio-antimoniate (α – InS_3Sb) qui cristallise également dans le système orthorhombique de groupe spatial Pnma et dont les paramètres de maille sont : a = 9,300 (3) Å, b = 3,816 (1) Å, c = 13,348 (4) Å, V = 473,7 Å^3, avec un indice d'accord, R = 0,025.

2 – l'antimoine III séléniosulfure ($Sb_2Se_{2,1}S_{0,9}$) qui cristallise dans le système orthorhombique de groupe spatial Pnma avec comme paramètre de maille a = 11,687 (3) Å, b = 3,938 (1) Å, c = 11,540 (3) Å . V = 531,1 Å^3 avec un indice d'accord R = 0,0216.

3 – Le cuivre I ortho-séléniophosphate ($Cu_3PS_{2,36}Se_{1,64}$) qui cristallise également dans le système orthorhombique de groupe spatial Pmn2$_1$ et dont les paramètres de maille sont : a = 7,465 (2) Å, b = 6,464 (2) Å, c = 6,193 (2) Å, V = 298,8 Å3 avec un indice d'accord R = 0,0613.

A la suite de la détermination de la structure cristallographique de chacun de ces composés synthétisés et celle de la position des différents atomes dans les mailles, principaux résultats des travaux ici présentés, il sera intéressant d'enchaîner sur une étude de leurs propriétés physico-chimiques pour mettre en évidence les domaines d'applications scientifiques et techniques.

REFERENCES BIBLIOGRAPHIQUES

- **Abrikosov N.Kh. et Ivlieva V.I., 1968:** Crystal structure of solid solutions of the system Sb_2S_3- Sb_2Se_3, *Iz. Akad. Nank SSSR,Neorg. 4, 868*

- **Adenis C.,Olivier-Fourcade J. et Pilippot E., 1987:** Etude strurale par spectroscopie Mössbaouer rayons X de spinelle lacunaires de type In_2S_3, *Revue de Chimie minérale*. 24,10-21.

- **Bates L. F., 1961:** Modern magnetism, Canbridge Univ. press, New York,

- **Baubigny, 1894:** Vermillon d'antimoine n'est pas un oxysulfure. *Comptes rendus hebdomadaires des sciences de l'Académie des sciences*, 119, 687.

- **Berzelius, 1818:** study of the cristal structure of enargite, ann. *Chem. Phys. [2] 9, 249*.

- **Braun, I., Montel, J.M., Nicolet, C., 1996:** Electron microprobe dating of monazites from high-grade gneisses and pegmatites from the Kerala Kondalite Belt, southern India. *Chemical Geology, 146, 65-85.*

- **Carnet A., 1879:** Emploi de l'hydrogène sulfuré par voie sèche dans les analyses, *Comptes rendus hebdomadaires des sciences de l'Académie des sciences*, 89, 167.

- **Carnet A., *1886*:** Séparation de l'antimoine et de l'étain , *Comptes rendus hebdomadaires des sciences de l'Académie des sciences*, 103, 258.

- **Chikashiga et Fuyita, 1917:** Study of antimony triselenide, *Men. Coll. Sci. Kyoto, 2, 233.*

- **Chondroudis, Konstantinos , Kanatzidis, Mercouri G., Sayettat, Julien , Jobic, Stephane, Brec, Raymond, 1997:** Palladium Chemistry in Moltem Alkali Metal

Polychalcophosphate Fluxes. Synthesis and Characterization of $K_4Pd(PS_4)_2$, $Cs_4Pd(PSe_4)_2$, $Cs_{10}Pd(PSe_4)_4$, $KPdPS_4$, $K_2PdP_2S_6$, and $Cs_2PdP_2Se_6$, *Inorganic Chemistry, 36 (25), 5859*.

- **Chrétien P, 1906:** La réduction du séléniure d'antimoine, *Comptes rendus hebdomadaires des sciences de l'Académie des sciences 142, 1339*.

- **Dickson, C. R., Nozik, A. J., 1978:** Nitrogen fixation via photoenhanced reduction on p-gallium phosphide electrodes, *J. Amer. Chem. Soc. 100(25), 8007*.

- **Diehl R., Carpentier C-D. et Nitsche R., 1976:** The crystal structure of γ- In_2S_3 stabilized by As or Sb, *Appl. Cryst. B32,1257*.

- **Dönges E., 1950:** Über Thiohalogenide des dreiwertigen Antimons und Wismuts, *Z. Anorg. Chem. 263, 289*.

- **Duffin W.J. et Hogg J.H., 1966:** Crystalline phases of system In- In_2S_3, *Acta Krystallogr., 20(4), 566*.

- **Ferrari et Cavalcal L., 1948:** $A_2CuP_3S_9$ (A =K, Rb), $Cs_2Cu_2P_2S_6$, and $K_3CuP_2S_7$: New Phases from the Dissolution of Copper in Molten Polythiophosphate, *Gazz. Chim. Ital. 78, 283*.

- **Garin J. et Parthe E., 1972:** The crystal structure of Cu_3PS_4 and other tetrahedral compounds with composition $1_3 5 6_4$, *Acta Cryst. B 28, 3672*.

- **Guinchant et Chrétien, 1904:** Chaleur de formation des trisulfures d'antimoine, *C. R Acad. Sc., 139, 288*.

- **Guinchant et Chrétien, 1904:** Etude cryoscopique des solutions dans le sulfure d'antimoine, *C. R Acad.Sc, 138, 1269*.

- **Guinchant et Chrétien, 1906:** Sulfure d'antimoine et antimoine *C. R Acad. Sc, 142, 709*.

- **Guliev, T.N.; Rustamov, Synecek, Magerramov, 1977:** Synthesis, preparation of single crystals, and study of the properties of indium antimony triselenide and indium antimony trisulfide compounds. *Izv. Akad. Nauk SSSK, Neorg. Mater.*, *13(4), 630-2.*

- **Hansin M.**, **1958**: constitution of binary alloys, New York - Toronto-London

- **Hatwell H. Offergeld G. ; Hérinckx C.; Van C. J.**, **1961**: Mise en évidence d'une réaction d'ordonnance des lacunes dans le sulfure d'indium In_2S_2, *C. R Acad. Sc*, *252, 3586.*

- **Hofmann W.Z.**, **1933**: Die struktur der mineral der antimnigruppe, *Kristallogrphie*, *86, 225.*

- **Huber M.**, **1961**: Sur la transformation ordre- désordre dans In_2S_2, *C. R Acad .Sc*, 253, 471.

- **Jaeger F.M. and H. Haga, 1916**: On the Röntgen-patterns of isomorphous crystals. *Koninkl. Akad. van Wetensch. Proc. Sect. Sci. 18, 1357.*

- **Kamsu Kom J.**, **1966**: Deux nouveaux composés sulfo- et sélénio-phosphorés de : $In(PS_2)_2$ et $In(PSe_2)_2$ *C. R Acad.Sc*, *263, 1227, 1230.*

- **Kershaw R., Vlasse M. et Wold A.**, **1967**: the preparation and electrical properties of niobium selenide and tungstene selenide, *Inorg.Chem.*, *6, 1599.*

- **Kikuchi A, Oka Y.et. SawaguchI E, J.**, **1967**: Crystal structure determination of SbSI, *Phys. Soc. Japan 23, 337.*

- **Kremann et Witteck, 1921**: Physico-chemical properties of antimony selenide, *Z. Metallkunde 13, 90.*

- **Kundra K.D. et Ali S.Z.**, **1976**: X-Rays study of thermal expansion and phase transformation in β- In_2S_3, *Phys. Status solidi* (a) *36(2), 517.*

- **Laminsi, S., Kamsu Kom J et Paulus, H.; Fuess H, 2004**: Contribution a l'étude du système Cu_3PS_4-Cu_3PSe_4: structure cristallographique de cuivre I orthothiosèléniophosphate ($Cu_3PS_{2.36}Se_{1.64}$), *Ann. Fac. Univ. Ydé I. Série Math, Inf, phys. Chim.33 (1) ,8.*

- **Laminsi, S., Kamsu Kom J Et Paulus, H.; Fuess, H., 1999:** Contribution à l'étude du système Sb_2S_3-Sb_2Se_3 :synthèse et étude de la structure cristallographique de l'antimoine (III) séléniosulfure ($Sb_2Se_{2.1}S_{0.9}$), *Ann. Fac. Univ. Ydé I. Série Math, Inf, phys. Chim. 32 (2),145.*

- **Laminsi S., Kamsu Kom J., Paulus H., et Fuess H., 2003:** Contribution à l'étude de la structure cristallographique et à la synthèse de l'indium(III) méta trithio-antimoniate antimony trisulfide In(α-SbS_3), *African J. of Sc. and Tech., 4 (1), 39.*

- **Likforman A., Guittard M.et Tomas A., 1980:** Mise en évidence d'une solution solide type spinelle dans le système In-S, *J. sol. state chem. 34, 353.*

- **Marzik J.V., Hsieh A.K. Dwight K. et Wold A., 1983:** Photoelectronique properties of Cu_3PS_4 and Cu_3PS_3Se single crystals, *Journal of solid state chemistry 49, 43.*

- **Montel J.M., S. Foret, M. Veschambre, C. Nicollet, A. Provost, 1996:** Electron microprobe ages on monazite, *Chemical Geology, 131, 37.*

- **Montel J.M., Veschambre M., Nicollet C., 1994:** Datation de la monazite à la microsonde électronique. *Comptes Rendus à l'Académie des Sciences de Paris, 318, 1489.*

- Nitsche, R. et Wild P., 1970: Crystal grow of metal-phosphorus-sufur compouns by vapor transport, *Mater Res. Bull. 5, 419.*

- **Nozik, A. J., 1976:** Hydrogen generation by the photoelectrolysis of water Mater, Hydrogen Energy Conf., 1st, 2(5B), 31.

- Nozik, A. J., 1977 :   Energetics of photoelectrolysis, Proceedings - Electrochemical Society, 272.

- **Nozik, A. J., 1979:** Hydrogen generation via photoelectrolysis of water - recent advances, *Advances in Hydrogen Energy* 3, 1217.

References bibliographiques

- **Nozik, A. J., 1972:** Optical and electrical properties of Cd2SnO4. Defect semiconductor, *Physical Review B: Solid State*, 6(2), 453.

- **Palkina K. K.; Kuznetsov V. G., 1965:** X-ray and thermographic study of alloys in the Sb_2Te_3-Sb_2Se_3 system. *Izv. Akad. Nauk SSSR, Neorg. Mat.*, 1(12), 2158.

- **Paquette, J.L., Montel, J.M., Chopin, C., 1996:** U-Th-Pb dating of the Brossasco ultrahigh-pressure metagranite, Dora-Maira massif, western Alps. *Eur. J. Mineral.*, 111, 69

- **Parravano N., 1913:** The System: Antimony-Selenium, *Gazz.Chim. Ital.* 43(I), 210.

- **Pelabon H., 1911:** Métallographie des systèmes sélénium- antimoine. *Comptes rendus hebdomadaires des sciences de l'Académie des sciences*, 153, 343. ().

- **Pelabon H., 1906:** Sur les mélanges d'antimoine et de tellure, d'antimoine et de sélénium.: Constante cryoscopique de l'antimoine, *Comptes rendus hebdomadaires des sciences de l'Académie des sciences* 142, 207.

- **Pelabon H., 1900:** Action de l'hydrogène sur le sulfure d'antimoine, *Comptes rendus hebdomadaires des sciences de l'Académie des sciences*, 130, 911.

- **Pelabon H., 1903:** Sur la fusibilité des mélanges de protosulfure de bismuth et de sulfure d'argent ; de protosulfure de bismuth et de sulfure d'antimoine, *Comptes rendus hebdomadaires des sciences de l'Académie des sciences*, 137, 920.

- **Pelabon, H., *1911*:** Cells of Antimony and Antimony Selenides, *Comptes rendus hebdomadaires des sciences de l'Académie des sciences*, 151 641.

- **Pelabon, H., 1908:** Combinations of Silver Selenide with the Selenides of Arsenic, Antimony and Bismuth. *Comptes rendus hebdomadaires des sciences de l'Académie des sciences*, 146 975.

- **Pelabon, H., *1907*:** Lead Selenide, *Comptes rendus hebdomadaires des sciences de* *l'Académie des sciences*, 144 1159.

- **Pelabon, H., 1907**: Sulphides, Selenides and Tellurides of Thallium, *Comptes rendus hebdomadaires des sciences de l'Académie des sciences*, 145 118.

- **Peter B. et Werner N., 1972**: Refinement of the crystal structure of stibnite, Sb_2S_3, *Z. Kristallogr. 135, 308.*

- **Rao C.N.R., 1988**: Advanced technology materials for innovations in communication. *Chemistry International 10(5), 184.*

- **Reynolds D.C., Leies G., Antes L.L et Marburger R.E, 1954**: Photovoltaic effect in cadmium sulfide, *plys. Rev. 96,533.*

- **Rooymans, C. J. M., 1959**: New type of cation-vacancy ordering in the spinel lattice of indium trisulfide, *J. Inorg. & Nuclear Chem, 11 78.*

- **Santhanam, K. S. V.: Bard, A. J., 1970**: Electrochemistry of organophosphorus compounds. III. Electroreduction of bis-(p-nitrophenyl) phosphate, *J.Elect. Chem. Int. Electrochem*, 25(1), 6-9.

- **Scavnicar S., 1965**: The crustal structure of stibnite. A détermination of atomic positions *Z. Kristallogr. 114, 85.*

- **Sheldrick G. M., SHELXTL**: An integrated system to solving and displaying crystal structure from diffraction data, University of Göttigen,1983 (Revision 5.1, Eclipse 32K version,1985)

- **Steignman G. A., 1965**: Sutherland H. H. et Goodyear J.: The crystal structure of β-In2S3, *Acta Krystallogr. 19(6), 967.*

- **Stöwe K. et Philipp Beck H., *1994***: Low Temperature Polymorphs of the Compound In_3SnI_5, *Z. Krist, S.36, 209.*

References bibliographiques

- **Sublarao S.N.,Yun Y.H.,Kershaw R.,Dwight K.et Wold A., 1978:** Comparison of the photoelectric properties of the system titanium oxide (TiO2-x) with the system titanium oxide fluoride (TiO2-xFx), *Mat. Res. Bul, 13(12), 1461.*

- **Thiel, A.; Luckmann, H., 1928:** Indium. (III), *Z. Anorg. Allgem. Chem.*, *172, 353.*
- Tideswell N.W. et al, 1957: The crystal structure of antimony selenide, *Acta Cristallogr., 10, 99.*

- **Toffoli P., Rodier N. et Rhodadad P., 1976:** *Bull. Soc. Fr. Affinement de la structure cristalline de l'ortho-sélénophosphate de cuivre I Cu_3PS_4, Minéral. Cristallogr; 99, 403.*

- Wells A.F.: Structural Inorganic chemistry, 2nd ed, P. 400, Oxford: University press, 1950.
-
- **West C.D. and R.C. Jones, 1951:** On the properties of polarization elements as used in optical instruments, *I. J. Opt. Soc. Am. 41, 976.*

- **Wrighton M.S., 1979:** Photochemical conversion of optical energy to electricity and fuels, ACC. *Chem. Res. 12,303.*

- **Wychoff R.W.G, 1948:** Crystal structure, *New York Imterscience Publishers 1(5) 10.*

i want morebooks!

Buy your books fast and straightforward online - at one of world's fastest growing online book stores! Environmentally sound due to Print-on-Demand technologies.

Buy your books online at
www.get-morebooks.com

Achetez vos livres en ligne, vite et bien, sur l'une des librairies en ligne les plus performantes au monde!
En protégeant nos ressources et notre environnement grâce à l'impression à la demande.

La librairie en ligne pour acheter plus vite
www.morebooks.fr

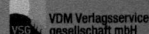 VDM Verlagsservicegesellschaft mbH
Heinrich-Böcking-Str. 6-8
D - 66121 Saarbrücken

Telefon: +49 681 3720 174
Telefax: +49 681 3720 1749

info@vdm-vsg.de
www.vdm-vsg.de

Printed by Books on Demand GmbH, Norderstedt / Germany